atmosphère

atmosphère

ISBN 978-2-7465-0384-7

Éditions Le Pommier
239 rue Saint-Jacques, 75005 Paris
www.editions-lepommier.fr

Musée des Arts et Métiers
60 rue Réaumur, 75003 Paris
www.arts-et-metiers.net

RT

atmosphère

atmosphère

Didier Hauglustaine, Jean Jouzel
et Valérie Masson-Delmotte

Editions
Le Pommier

Cnam
Conservatoire national des arts et métiers

musée des arts et métiers

Directeur de recherche au CNRS dans le domaine de la chimie de l'atmosphère et de ses effets sur le climat, **Didier Hauglustaine** est actuellement coordinateur des programmes EUROCORES sur le climat à la Fondation européenne de la science.

Spécialiste du climat, directeur de recherche au CEA, **Jean Jouzel** dirige l'Institut Pierre-Simon Laplace. Il est vice-président du groupe scientifique du GIEC (groupe intergouvernemental d'experts sur l'évolution du climat).

Directeur de recherche au CEA, **Valérie Masson-Delmotte** est paléoclimatologue au Laboratoire des sciences du climat et de l'environnement. Elle est impliquée dans de nombreux projets nationaux et internationaux, dont le GIEC.

Gérard Azoulay est responsable de l'Observatoire de l'Espace du Centre national d'études spatiales (CNES).

Membre de l'Académie des sciences, **Jacques Blamont** fut le directeur scientifique et technique du Centre national d'études spatiales pendant les dix premières années d'existence de cette agence ; il continue à y prodiguer ses conseils.

Spécialiste de la structure de l'atmosphère et de ses relations avec le climat, **Marie-Lise Chanin** est directeur de recherches émérite au Service d'aéronomie du CNRS

Jérôme Chappellaz est directeur adjoint du Laboratoire de glaciologie et géophysique de l'environnement (CNRS-UJF), à Grenoble.

Médecin spécialisé dans la nutrition et la biologie du sport, **Jean-Louis Etienne** est connu pour ses expéditions à but scientifique et pédagogique, dont la médiatisation permet de sensibiliser aux thèmes de la connaissance, de la recherche et de la défense de l'environnement. Depuis octobre 2007, il est directeur général de l'Institut océanographique de Paris et du Musée océanographique de Monaco.

Océanographe, **Jean-Claude Gascard** est directeur de recherche émérite du CNRS au Laboratoire d'océanographie et du climat : expérimentations et approches numériques – LOCEAN, à l'Université Pierre et Marie Curie.

Christian Gaudin est sénateur de Maine-et-Loire (Pays de la Loire).

Patrice Godon est responsable du département infrastructure et logistique polaire de l'Institut Polaire Français - Paul Emile Victor (IPEV).

Jean-Pierre Javelle est chef du département Documentation de Météo-France - D2C.

Experte mondialement reconnue en modélisation des changements climatiques, **Sylvie Joussaume** dirige le Groupement d'Intérêt Scientifique « climat-environnement-société » (CNRS, CEA, UVSQ, UPMC, École polytechnique et ADEME).

Pierre Jouventin est responsable de l'équipe de recherche : Écologie comportementale au Centre d'écologie fonctionnelle et évolutive (CEFE-CNRS).

Gérard Jugie est directeur de l'Institut Polaire Français - Paul Emile Victor.

Yvon Le Maho est écophysiologiste. Il mène ses recherches au département Écologie, Physiologie et Éthologie de l'Institut pluridisciplinaire Hubert Curien (CNRS-ULP).

Claude Lorius est glaciologue émérite au CNRS et membre de l'Académie des sciences.

Nathalie Machetot est Commissaire déléguée et chef de projet de l'exposition *Atmosphère... Le climat révélé par les glaces* (musée des arts et métiers-Cnam).

Dominique Raynaud mène ses recherches au Laboratoire de glaciologie et géophysique de l'environnement (CNRS-UJF), à Grenoble.

Roland Schlich, ingénieur géophysicien, docteur *es* sciences physiques, est à présent directeur de recherche émérite au CNRS (École et Observatoire des Sciences de la Terre).

Spécialiste internationalement reconnue de la stratosphère et de ses relations avec le climat, **Susan Solomon** est chercheur senior dans la Division des sciences chimiques de la NOAA (National Oceanic and Atmospheric Administration) à Boulder aux États-Unis, et Professeur associée à l'Université du Colorado.

Sommaire

L'exposition

On pourrait s'étonner que le musée du Conservatoire national des arts et métiers (Musée national des techniques) présente « Atmosphère... Le climat révélé par les glaces » (28 octobre 2008-30 avril 2009), une exposition sur le thème des changements climatiques.
En effet, nous arrivons à la fin de la quatrième Année polaire internationale et de nombreuses manifestations scientifiques et culturelles se sont succédé depuis deux ans, au risque de saturer quelque peu l'intérêt de nos concitoyens.
Nous avons cependant décidé de proposer une approche originale du sujet à partir d'objets rarement exposés, issus d'une trentaine d'institutions et de nos propres collections. La médiatisation relativement récente des questions liées à l'évolution du climat est à replacer dans une perspective historique et concrète, valorisant la réalité du terrain. De la haute atmosphère aux bulles d'air piégées dans la glace, l'exposition raconte comment les hommes ont confirmé le dérèglement du climat grâce aux observations faites dans les régions polaires depuis une cinquantaine d'années seulement. L'échelle de temps n'est pas la même : les variations naturelles du climat se comptent en centaines de milliers d'années, l'accentuation de l'effet de serre en centaines d'années. Des choix politiques décisifs seront à prendre dans un futur proche.
Plus de cent trente objets originaux sont présentés dans l'exposition : instruments de mesure, appareils techniques, objets personnels, documents d'archives, photographies, films... qui mettent en évidence le caractère pluridisciplinaire et international de la recherche en milieu polaire.
Le parti pris de toujours replacer ces objets dans leur contexte, en montrant leurs usages et les gestes qui y sont associés, fait prendre conscience du rôle central de l'homme, de la culture technique et du soutien logistique indispensables à l'exercice de la science.
Réchauffement climatique, déséquilibre de l'atmosphère, élargissement du trou d'ozone, augmentation des teneurs en gaz à effet de serre... autant de questions difficiles et délicates sur lesquelles chacun doit se forger une opinion à partir d'éléments tangibles et indiscutables ! Et autant d'enjeux politiques et économiques qui concernent l'ensemble de la planète.
Contribuer au débat et donner à nos visiteurs les éléments de compréhension nécessaires pour y prendre part, telle est notre ambition !

Serge Chambaud

Directeur de la culture scientifique et technique du musée,
Conservatoire national des arts et métiers.

Préface

L'exploration scientifique de l'Antarctique a réellement commencé au cours de l'Année polaire internationale 1957-1958. Alors que Iouri Gagarine s'entraînait pour devenir le héros planétaire de la première révolution orbitale, des hommes du monde entier débarquaient sur la planète du pôle Sud où tout restait à découvrir. Satellisés sur le continent de glace, coupés du reste du monde, ces héros insoupçonnés de la science allaient vivre plus d'un an dans des cabanes de fortune installées dans des corridors catabatiques, vivre des mois d'éclipse totale de soleil sous le faisceau de convergence des forces du champ magnétique.

Qui étaient ces pionniers de la recherche polaire ? Il fallait certes avoir un bon bagage scientifique, mais être aussi animé d'une soif de découverte et d'aventure. Ils partaient pour un an avec la certitude de ne plus pouvoir être joints. Gagner l'Antarctique était un voyage au long cours avec en ligne de mire le terrible océan Austral, la traversée de la banquise et l'incertitude du débarquement.

Le pied enfin posé sur le continent, la science commençait par le transport de lourdes caisses débarquées à la hâte et vite englouties sous la neige. Puis par la découverte que, malgré une préparation minutieuse et des tests en chambre froide les plus pertinents, la rudesse des conditions climatiques déjoue toujours le bon fonctionnement de tous les instruments. Venus de tous les continents, ces « saventuriers » découvraient que sous ces hautes latitudes, l'exploration scientifique est une constante épreuve d'endurance.

Cette Année polaire internationale se clôturait par la signature du traité de l'Antarctique qui donnait à ce continent du bout du monde le statut de plus grand laboratoire de la Terre. Loin du bruit de fond de l'agitation du monde, ce continent est devenu au fil des missions la sentinelle de l'impact des activités humaines sur la composition de l'atmosphère terrestre.

L'Antarctica de Jean-Louis Etienne traversant la mer de Ross en direction de l'Erébus.

Tout a commencé par les premières observations sur la destruction de la couche d'ozone stratosphérique, ce gaz qui protège les organismes vivants des effets nocifs du rayonnement solaire. Les coupables ont vite été identifiés, appartenant à la famille chimique des chlorofluorocarbures, les CFC, utilisés dans les bombes aérosols et l'industrie du froid. Face à l'aggravation du phénomène, les scientifiques ont multiplié les alertes sur les menaces du rayonnement ultraviolet dans les régions méridionales de l'hémisphère austral. Propulsé à la « une » de tous les magazines, le « trou d'ozone » est devenu la première star mondiale de l'environnement planétaire. Montrés du doigt, les grands groupes industriels de la chimie furent contraints de s'aligner sur le protocole de Montréal, signé en 1987 et visant à terme à éliminer toutes les émissions de substances appauvrissant la couche d'ozone. Depuis les années 1990, on constate une diminution de la concentration des agents destructeurs de l'ozone dans la stratosphère.

Selon le rapport d'évaluation scientifique publié en 2007 par l'Organisation météorologique mondiale et le Programme des Nations unies pour l'environnement, la couche d'ozone devrait se reconstituer d'ici à 2050 au-dessus des latitudes moyennes dans les deux hémisphères et d'ici à 2065 au-dessus de l'Antarctique. Pour la première fois, la raison environnementale l'avait emporté à l'échelle mondiale, car elle était contrainte par un risque de santé publique. Pour la première fois, le fameux « trou d'ozone » avait fait prendre conscience au monde entier que les activités humaines peuvent modifier la composition de l'atmosphère.

En effet, la destruction de l'ozone au-dessus de l'Antarctique, loin des lieux d'émission des CFC, soulignait la circulation « sans frontières » de l'atmosphère autour de la Terre et son homogénéisation dans le temps. C'est en regardant les bulles d'air s'échapper du glaçon de l'Antarctique dans son verre de whisky

que Claude Lorius eut l'idée qu'elles reflétaient la composition moyenne de l'atmosphère terrestre au moment où elles furent piégées dans la glace. Alors commencèrent des campagnes de forage de la calotte antarctique et du Groenland pour extraire des carottes de mille-feuilles de glace empilées une à une au fil des ans. L'analyse de chacune d'elles révèle la composition de l'air et les conditions climatiques de l'époque de sa formation. Plus on creuse profond et plus on remonte dans le temps, si bien que les calottes glaciaires contiennent les archives du climat et la composition de l'atmosphère sur près d'un million d'années.
Ces analyses ont révélé les alternances climatiques naturelles que la Terre a connues dans le passé et confirmé la théorie astronomique de Milankovitch.
Les changements climatiques qui surviennent environ tous les 20 000, 40 000 et 100 000 ans sont la conséquence des variations de l'orbite et de l'inclinaison de la planète, qui modifient l'intensité de l'ensoleillement reçu à la surface de la Terre. Les archives du climat montrent que nous sommes dans une période de réchauffement interglaciaire. Mais la spectaculaire accélération de la teneur en gaz à effet de serre (dioxyde de carbone et méthane) et de la température de l'atmosphère depuis cent cinquante ans apportent l'indiscutable preuve que l'homme est devenu un acteur du climat depuis le début de l'ère industrielle.
Bien sûr, il y a des sceptiques et des incrédules ; certains le sont par intérêt, d'autres par ignorance.
Il est en effet difficile de concevoir que l'homme puisse agir sur la composition de l'atmosphère – comme si tout ce qui était rejeté dans l'air disparaissait dans le cosmos ! En réalité, l'atmosphère ne fait qu'une trentaine de kilomètres d'épaisseur : comparés aux 6 378 km de rayon de la Terre, c'est l'équivalent d'un film de cellophane tendu autour d'une citrouille ! De plus, dans cette fine couche atmosphérique, le dioxyde de carbone (CO_2), le principal gaz à effet de serre, agit à l'état de trace : il ne représente que 0,038 % de la composition de l'air. Il est donc facile de comprendre que la combustion massive de gaz, de pétrole et de charbon puisse surcharger l'atmosphère en CO_2 et renforcer efficacement l'effet de serre naturel. Au rythme où nous consommons, nous aurons presque doublé la teneur en CO_2 à la fin du siècle.
Nous sommes en train d'installer un « double vitrage » au gaz carbonique qui explique le réchauffement à la surface de la Terre…
L'ampleur et la gravité futures du réchauffement sont difficiles à faire comprendre. Dire que la température moyenne s'est accrue de 0,6 à 0,8° C en un siècle n'est pas de nature à alerter l'opinion publique. Comparé à la différence de température perceptible entre le jour et la nuit, entre l'été et l'hiver, ce réchauffement apparaît comme insignifiant car il est imperceptible, sauf à le ramener à une valeur connue, comme la température du corps. 37,8° C, ce n'est jamais que 0,8° C au-dessus de la normale, mais c'est une charge thermique dont tout le monde a la perception. En médecine, on appelle cette petite fièvre une « fébricule », on « couve quelque chose » et c'est un qualificatif qui s'accorde avec la situation climatique actuelle. 39° C, soit seulement 2° C au-dessus de la normale, c'est une sévère hyperthermie ; c'est ce qui est à redouter pour la Terre dans quelques décennies.
Jusqu'alors, l'excès de chaleur tropicale s'harmonisait avec le froid des régions polaires, les courants marins et atmosphériques se partageant ce convoyage calorique. Mais l'Arctique est aujourd'hui la région du monde la plus touchée par le réchauffement climatique, car sa surface change de couleur à grande vitesse ; la neige et la glace qui réfléchissent le rayonnement solaire sont en régression, si bien que le sol et l'océan, de moins en moins protégés par ces miroirs réfléchissants, absorbent

de plus en plus le rayonnement solaire. La température moyenne s'est élevée de près de 5° C en soixante ans en Alaska et dans l'Ouest canadien. La régression de la banquise de l'océan Arctique a atteint un niveau record à la fin de l'été 2007. De toute évidence, le pôle froid arctique est en train de perdre sa force et va faire défaut à l'équilibre climatique de la Terre. Le réchauffement de la planète ne va pas se faire de façon harmonieuse car les surfaces des océans, des terres émergées, de la biosphère, des régions polaires, réagissent différemment au réchauffement, ce qui laisse entrevoir d'importants dysfonctionnements de la machine climatique, davantage de chaos.

Les émissions anthropiques de gaz à effet de serre ont dépassé les capacités d'absorption de la Terre. Nous pouvons cependant éviter le pire aux générations futures si l'on réduit de façon urgente et drastique les émissions de dioxyde de carbone. Mais le problème n'est pas simple, pour au moins deux raisons. D'abord, le principal coupable, le CO_2, est invisible et agit lentement, de façon insidieuse et cumulative, ce qui dilue dans le temps les prises de décision. Et, surtout, le CO_2 est issu de la combustion des énergies fossiles, le charbon, le pétrole et le gaz naturel, qui fournissent à eux seuls 80 % de la consommation énergétique mondiale. Alors comment s'attaquer au changement climatique et satisfaire la croissance de la demande mondiale en énergie, notamment celle des pays en plein développement, comme la Russie, la Chine, l'Inde, le Brésil ?

Les solutions techniques existent : optimiser les rendements énergétiques, limiter les pertes, notamment dans l'habitat, arrêter la déforestation intensive, investir sur les énergies renouvelables – le vent, le soleil, la géothermie, la biomasse –, l'hydrogène, le nucléaire, la séquestration du carbone, la fabrication de véhicules peu émissifs… C'est une renaissance énergétique qui attend les générations futures.

Mais rien ne se fera sans une volonté politique mondiale, rien ne se réalisera sans l'addition des actions individuelles : nous sommes tous des acteurs du climat et chacun doit s'engager à relever le défi.

En outre, l'atmosphère n'est pas seulement surchargée en dioxyde de carbone, la concentration du méthane devient préoccupante. L'atmosphère joue aussi un rôle de transporteur de toutes sortes d'aérosols, de mercure et autres métaux lourds, de pesticides et autres polluants organiques persistants, que l'on retrouve en concentration croissante dans l'organisme des peuples autochtones et de l'ours polaire situés à l'extrémité de la chaîne alimentaire en Arctique.

L'Année polaire internationale 2007-2009 va permettre de dresser un état des lieux sur l'impact humain, géopolitique, biologique et environnemental de notre civilisation, un impact qui est malheureusement connu d'avance, notamment en Arctique. Forte de cette expertise, gageons qu'à l'instar de l'API précédente, à l'origine du traité de l'Antarctique, la communauté scientifique saura élaborer un appel solennel de nature à convaincre les décideurs industriels et politiques d'engager urgemment dans leurs champs de responsabilités respectifs les mesures environnementales qui s'imposent, que leurs craintes pour leurs intérêts sectoriels et nationaux ne sont plus de mise, et qu'en prenant tout de suite ces mesures, l'avenir leur donnera raison. C'est un magnifique défi que cette Année polaire internationale peut relever en s'appuyant sur l'universalité des pôles, ces points de convergence où les méridiens de tous les pays se rejoignent.

Jean-Louis Etienne

Introduction

Didier Hauglustaine et Jean Jouzel

Avec la collaboration de Nathalie Machetot

L'Antarctique, un continent de 14 millions de km^2 entouré par l'océan Austral ou Antarctique. Un continent dédié à la coopération internationale et à la recherche scientifique, avec plus de cinquante bases actuellement implantées. Le continent est découpé en huit secteurs et sept pays y ont des revendications territoriales.

Les régions polaires représentent dans notre imaginaire une terre d'aventures et d'expéditions périlleuses. Une vision onirique portée par le souvenir des grands explorateurs qui, dès le XIXe siècle, affrontèrent ces contrées hostiles et isolées où vivre est une lutte de tous les instants. Depuis une cinquantaine d'années, ces régions glacées, au nord et au sud de notre planète, se sont imposées sous un autre jour. Les pôles sont maintenant devenus de formidables laboratoires de recherche pour les études sur l'atmosphère, les océans, le climat, le champ magnétique terrestre ou la biodiversité. Un terrain d'étude qui s'est aussi révélé, au cours de ces dernières années, être la sentinelle de l'impact de l'homme sur son environnement.

Les pôles, sentinelles des perturbations du climat

Il fallut attendre les grands navigateurs du XVIe siècle pour que la géographie de Ptolémée, qui prévalait depuis le IIe siècle avec une *terra incognita* au-delà de 20° de latitude sud, soit corrigée. Les régions polaires sont situées au-delà des deux cercles polaires (66° 33' N et S), des latitudes sous lesquelles le Soleil ne se lève pas le jour du solstice d'hiver ou ne se couche pas au solstice d'été. Au-delà de cette latitude, les arbres, quand il y en a, ne croissent plus sous l'effet des saisons, le sol reste gelé en permanence, les températures sont très froides, l'atmosphère est sèche et les précipitations neigeuses sont inférieures à 2 cm d'eau par an. La superficie de l'Arctique est d'environ 24 millions de kilomètres carrés et celle du continent Antarctique d'environ 14 millions de kilomètres carrés, soit vingt-cinq fois celle de la France.

Malgré des points communs évidents, l'Arctique et l'Antarctique sont des régions très différentes. Le pôle Sud est situé au cœur d'un immense continent inhabité et gelé en permanence : l'Antarctique. Ce continent, situé à 1 000 km de l'Amérique du Sud, à 2 500 km de l'Australie et à 4 000 km de l'Afrique, âgé de plus de quatre milliards d'années, enfoncé sous une calotte glaciaire de 4 km d'épaisseur appelée « inlandsis » qui contient à elle seule 80 % des ressources d'eau douce de la planète, est une forteresse quasi imprenable. C'est le continent le plus froid et le plus venté du monde : la température la plus basse à y avoir été enregistrée était de – 89 °C. Isolé par le très violent océan Austral, c'est un immense désert de glace culminant à près de 5 000 m d'altitude. L'air est plus sec qu'au Sahara et il y fait trop froid pour qu'il pleuve. Seules les côtes abritent quelques colonies d'animaux qui n'osent guère s'aventurer vers l'intérieur des terres. Trente-sept bases scientifiques représentant vingt nations y sont actuellement implantées de façon permanente. L'Antarctique est enfin un territoire international protégé jusqu'en 2041 par le traité de Washington (1959) et le protocole de Madrid (1991). Toute forme de revendication territoriale y est proscrite et l'exploitation des ressources énergétiques, les activités militaires, les essais nucléaires et le dépôt de matières dangereuses y sont interdits.

Le pôle Nord, quant à lui, se trouve dans l'océan Arctique, une vaste étendue d'eau presque fermée sur laquelle flotte une fine carapace de glace de 2 à 3 m d'épaisseur. Composée d'eau salée, la banquise disparaît pour moitié chaque été. L'océan Arctique comprend de nombreuses îles dont la plus grande, le Groenland, est recouverte de 3 km de glace qui représentent 10 % des ressources d'eau douce de la planète.
Cette région inhospitalière est pourtant loin d'être déserte. Recouverts de forêts et de toundra, les huit pays riverains abritent de nombreux peuples. L'Arctique est de plus très convoité pour ses nombreuses ressources énergétiques.
Si le pôle Nord, au centre d'un océan, ne peut être en principe revendiqué par aucun État en vertu de la convention de Montego Bay sur le droit de la mer, ce n'est pas le cas des eaux les plus proches des rivages. Christian Gaudin revient ici sur ces importantes questions géopolitiques concernant les régions polaires.
Celles-ci abritent également les pôles magnétiques de la Terre. Une propriété très particulière fait que les lignes de ce champ magnétique pénètrent dans l'atmosphère en entraînant avec elles les particules solaires piégées par la magnétosphère et qui interagissent avec les gaz atmosphériques. Cette particularité est à l'origine de la formation des aurores polaires, ces superbes draperies célestes qui ont tant inspiré les peintres et les voyageurs. Elle fait aussi des régions polaires un terrain privilégié pour l'étude de la magnétosphère, de l'ionosphère et des aurores.

Comme nous le montrent Dominique Raynaud et Jérôme Chappellaz, un des plus beaux exemples de cette recherche fructueuse menée dans les régions polaires est sans doute la mise en évidence, à partir de l'analyse des bulles d'air piégées dans les glaces, des cycles glaciaires et interglaciaires qu'a connus notre planète. Des mesures qui illustrent le lien étroit qui existe entre le climat et la concentration de l'atmosphère en gaz à effet de serre. Des travaux qui montrent que les régions polaires sont aux avant-postes des perturbations anthropiques de notre environnement. Que ce soit au travers de la pollution par les métaux lourds ou par les particules de suie s'accumulant dans les régions arctiques, du trou dans la couche d'ozone au-dessus du continent Antarctique, décrit par Susan Solomon et Marie-Lise Chanin, de la fonte accélérée de la banquise arctique, que traite Jean-Claude Gascard, de la menace sur la biodiversité, que nous présentent Pierre Jouventin et Yvon Le Maho, au nord comme au sud les pôles donnent le pouls d'une planète malmenée par les activités humaines.

Une extraordinaire coopération scientifique

Comment étudier ces régions qui, reculées, isolées et inaccessibles une grande partie de l'année, sont le siège de phénomènes naturels très mal connus dans les airs, la mer, la glace et la terre et abritent une faune et une flore adaptées à ces conditions climatiques extrêmes ? Pour répondre à ces questions, il fut nécessaire de mettre en place de vastes programmes de recherche et d'exploration des pôles : les Années polaires internationales. La quatrième, en 2007-2009, marque le cinquantenaire de l'Année géophysique internationale 1957-1958 et le 125e anniversaire de la première Année polaire internationale de 1882-1883. Une occasion idéale pour rappeler, si besoin en était, l'importance et l'originalité de ces régions s'étendant au-delà des cercles polaires.
Gérard Jugie et Patrice Godon expliquent dans leur chapitre que les deux premières Années polaires, en 1882-1883 et en 1932-1933, furent à l'origine de progrès considérables dans de nombreux domaines de recherche, comme la météorologie, l'étude de la haute atmosphère, le magnétisme terrestre mais aussi la biologie et l'ethnologie. Dès 1950, Sydney Chapman, célèbre géophysicien anglais, avait fait observer que les années 1957-1958

L'Arctique est un océan entouré par huit pays souverains : le Danemark avec le Groenland, le Canada, la Russie, les États-Unis avec l'Alaska, l'Islande, la Norvège, la Suède, et la Finlande. Une région stratégique notamment pour les ressources naturelles qu'elle recèle et qui deviennent plus facilement accessibles suite à la fonte des glaces.

correspondaient à une période de maximum d'activité solaire, une période parfaite pour l'étude de la haute atmosphère et l'organisation de la troisième Année polaire. Certaines sociétés savantes préférèrent l'idée d'une étude planétaire plutôt que purement polaire et Sidney Chapman proposa de renommer ce programme de recherche « Année géophysique internationale » (AGI) pour lui donner cette envergure globale. C'est ainsi que se déroula du 1er juillet 1957 au 31 décembre 1958, vingt-cinq ans seulement après la deuxième Année polaire, une coopération scientifique sans précédent à l'échelle mondiale autour de l'étude de notre planète. L'objectif principal de cet effort était de combiner les observations effectuées simultanément dans de nombreux observatoires permettant de fournir l'approche globale nécessaire à l'étude du système Terre. Au lendemain de la Seconde Guerre mondiale, les scientifiques souhaitaient profiter des énormes progrès techniques effectués durant le conflit et les appliquer à des fins pacifiques. En ce début de guerre froide, mieux connaître l'Arctique présentait également un intérêt stratégique pour les nations concernées.
Durant l'AGI, douze pays mirent sur pied plus de cinquante bases en Antarctique et subantarctique et quatre pays s'installèrent même à l'intérieur du continent gelé.
La France, notamment, construisit la base de Dumont-d'Urville en terre Adélie et celle, plus petite, baptisée Charcot, à l'intérieur des terres, où séjournèrent Roland Schlich et Claude Lorius dans des conditions extrêmes, comme ils le racontent ici. Ce programme de recherche marqua également le début de la conquête spatiale et de l'observation de notre planète depuis l'espace avec le lancement des premiers satellites artificiels, une aventure décrite par Jacques Blamont. L'AGI a couvert toutes les sciences de l'étude de notre planète comme par exemple le géomagnétisme, la géodésie, la gravimétrie, l'océanographie, la météorologie, la climatologie ou la glaciologie. Elle s'est en particulier intéressée à un domaine de recherche assez nouveau à l'époque : l'aéronomie. L'AGI a en effet permis de réaliser des avancées considérables dans notre connaissance de la haute atmosphère et de l'ozone stratosphérique. C'est à cette période que les mesures systématiques de la composition chimique de l'atmosphère terrestre furent lancées.

« Magdalena Bay » de François-Auguste Biard (1789-1882). Accompagnant les expéditions de Spitzberg et de Laponie en 1839 à bord du navire *La Recherche*, Biard produit plusieurs scènes étonnantes sur la vie des hommes des contrées arctiques. Il est l'un des premiers peintres français à avoir représenté des aurores boréales, comme dans cette vue prise de la presqu'île des tombeaux, au nord du Spitzberg.

L'atmosphère est une fine couche de gaz de seulement quelques centaines de kilomètres d'épaisseur entourant notre planète. Un bouclier protecteur pour notre climat et pour la vie sur Terre grâce, notamment, à quelques constituants chimiques présents en concentration extrêmement ténue.

Une atmosphère sous haute surveillance

Le climat de la Terre et le développement de la vie sur notre planète telle que nous la connaissons tiennent finalement à peu de chose. La stabilité climatique de toute une planète de près de 6 400 km de rayon dépend d'une fine couche de gaz de quelques dizaines de kilomètres d'épaisseur dont seulement moins de 1 % du contenu joue un rôle actif. Pourtant, en filtrant le flux de particules énergétiques et le rayonnement nuisible émis en permanence par le Soleil, notre atmosphère forme un bouclier protecteur naturel pour la plupart des formes de vie terrestres. Mais notre atmosphère représente plus qu'un bouclier puisque c'est encore elle qui maintient une température moyenne clémente proche de 15 °C à la surface de la Terre. Sans cette enveloppe gazeuse et le rôle qu'elle a joué au cours de l'histoire de notre planète, celle-ci serait aussi désolée que son satellite, la Lune, ou aussi inhospitalière que ses sœurs jumelles, Vénus et Mars.

Notre atmosphère s'est formée lentement et a considérablement évolué au cours des quelque cinq milliards d'années d'existence de la Terre. On la subdivise en plusieurs couches en fonction des propriétés physiques et chimiques auxquelles on s'intéresse.

Sa densité décroît extrêmement rapidement avec l'altitude, de sorte qu'à seulement 10 km d'altitude – là où volent les avions –, c'est déjà 80 % de la masse totale de l'atmosphère – plus de 5 millions de milliards de tonnes – que l'on surplombe. La température de l'air varie également considérablement en fonction de la verticale. Dans la couche la plus proche du sol, la troposphère, elle décroît avec l'altitude, chutant à – 50 °C au sommet de la troposphère, vers 10 km d'altitude. Au-dessus se trouve la stratosphère, qui s'étend jusqu'à 50 km de hauteur et où la température grimpe rapidement avec l'altitude. Ce découpage n'est pas nouveau puisque l'existence de cette variation de température avait été mise en évidence dès le XIXe siècle grâce aux premiers lancers de ballons munis de thermomètres. Comme le relate Jean-Pierre Javelle, c'est à Trappes, à l'Observatoire de météorologie dynamique qu'il avait créé en 1896, que Léon Teisserenc de Bort effectua jusqu'en 1906 des sondages de l'atmosphère avec des ballons et des cerfs-volants. Ces expériences lui permirent de mettre clairement en évidence cette couche aux propriétés thermiques particulières : la stratosphère.

Mais jusqu'où s'étend l'atmosphère ? Il n'est pas facile de répondre à cette question en donnant une simple altitude. Même si au sommet de la stratosphère il ne reste que quelques pourcent de la masse de l'atmosphère au-dessus de nous, celle-ci continue bien au-delà, jusqu'à se fondre progressivement dans l'espace interplanétaire. Si l'on considère les propriétés électriques et magnétiques de l'atmosphère, un autre découpage s'impose. En effet, au-dessus d'environ 80 km d'altitude, l'interaction de l'atmosphère avec le rayonnement énergétique reçu du Soleil la rend conductrice et les principaux gaz qui la constituent sont ionisés. Cette couche, appelée « ionosphère », s'étend jusqu'à environ 800 km d'altitude. Elle a une importance pratique puisque la transmission des ondes radio dans l'air repose sur leur réflexion sur elle.

Au-dessus, on distingue encore une couche appelée « magnétosphère » qui s'étend à plusieurs milliers de kilomètres de la Terre et qui n'est autre que l'émanation des lignes

du champ magnétique terrestre interagissant avec le flux de particules émises en permanence par le Soleil et avec les gaz atmosphériques. L'AGI joua un rôle clé dans l'étude de la magnétosphère et de l'ionosphère grâce aux lancements de fusées et des premiers satellites, qui permirent d'embarquer des instruments mesurant les propriétés de ces couches atmosphériques.
Jusqu'au milieu du XVIIIe siècle, la vision antique des quatre éléments – air, terre, eau, feu – prévalait encore. On prêtait à l'air des propriétés physiques et mécaniques mais ce n'est que dans la seconde moitié de ce siècle que les savants commencèrent à reconnaître et à étudier ses propriétés chimiques. Les constituants chimiques majoritaires présents dans l'air furent progressivement mis en évidence. Le chimiste anglais Joseph Priestley en particulier alla jusqu'à identifier l'azote et l'oxygène mais c'est Antoine Laurent Lavoisier, père de la chimie moderne, qui détermina que l'air renferme 78 % d'azote moléculaire, N_2, et près de 21 % d'oxygène moléculaire, O_2. C'est également à cette époque que les travaux sur la photosynthèse démarrèrent et, à la fin du siècle, la présence dans l'air du gaz carbonique, CO_2, principal gaz à effet de serre émis par les activités humaines, et le rôle que joue la végétation pour « purifier » l'air étaient connus. Alessandro Volta, en collectant, grâce à un eudiomètre, du gaz sortant de bulles d'eau marécageuse du lac Majeur, en Italie, découvrit ce qu'il appela le « gaz inflammable des marais » et qui n'était autre que le méthane, CH_4, un autre puissant gaz à effet de serre.
L'ozone, O_3, est une molécule très particulière de l'atmosphère : un constituant qui est un polluant et un gaz irritant dans nos villes, mais dont la présence dans la stratosphère nous protège du rayonnement solaire ultraviolet. C'est en 1840 que Christian Friedrich Schönbein constata que la décomposition de l'eau en hydrogène et en oxygène dégageait une odeur très particulière qu'il attribua à l'« ozone », du grec *ozein*, « sentir ». Il fallut cependant attendre les années 1930 pour que la présence de l'ozone dans l'atmosphère soit expliquée par l'un des instigateurs de l'AGI : Sidney Chapman. L'AGI joua un rôle clé pour l'étude de l'ozone en permettant de mettre en place un vaste réseau de mesures qui reste opérant aujourd'hui. Comme nous l'expliquent Susan Solomon et Marie-Lise Chanin, les précieuses mesures d'ozone effectuées en Antarctique ont permis de mettre en évidence la destruction massive de ce constituant apparue subitement au début des années 1980 et mieux connue sous le nom de « trou dans la couche d'ozone ».
En parallèle à ces travaux sur la nature chimique de l'air, l'étude des transferts de chaleur au sein de l'atmosphère commença à apparaître dès la fin du XVIIIe siècle. Selon la théorie de l'époque, la température de la Terre aurait été liée à l'absorption de l'énergie solaire et de la « chaleur obscure » (les rayons infrarouges découverts au début du XIXe siècle). Le physicien Joseph Fourier, avec le Suisse Horace Bénédict de Saussure, émit l'hypothèse que l'atmosphère pourrait se comporter comme le vitrage d'une serre,

Il est maintenant bien établi que le rejet de dioxyde de carbone et d'autres gaz à effet de serre dans l'atmosphère depuis le début de l'ère industrielle est responsable du réchauffement climatique mesuré depuis la seconde moitié du XXe siècle. Les régions polaires, éloignées de ces sources de pollution, en subissent pourtant directement les conséquences.

transparent aux rayonnements visibles mais opaque au rayonnement infrarouge. La Terre était ainsi comparée à une machine thermique recevant des flux d'énergie solaire (les sources chaudes) qui s'écoulent vers les puits (la source froide) de l'espace. L'hypothèse de Fourier fut quantifiée en 1838 par le physicien Claude Pouillet, alors administrateur du Conservatoire des arts et métiers, qui mesura précisément la quantité de chaleur émise par le Soleil et tenta d'évaluer la température de l'espace. Le principe de l'effet de serre était établi, restait à en déterminer le mécanisme exact et à le quantifier. Menant des expériences sur les propriétés optiques et radiatives des gaz, c'est le chimiste irlandais John Tyndall qui constata, dans les années 1860, que certains gaz absorbent les infrarouges et les piègent à l'intérieur de l'atmosphère, sorte de couverture chauffante. C'est lui aussi qui identifia ces gaz à effet de serre que nous connaissons bien aujourd'hui. John Tyndall et le Suédois Svante Arrhenius pressentaient qu'une variation de la quantité de CO_2 et surtout de la vapeur d'eau dans l'atmosphère devait se traduire par un changement climatique mais personne n'imaginait alors que les activités humaines puissent avoir un quelconque impact sur l'atmosphère et donc sur le climat.

Là encore, dans l'étude de l'atmosphère et du changement climatique, l'AGI a joué un rôle crucial. Dès 1957-1958 ont commencé les mesures systématiques des gaz présents dans l'atmosphère. C'est à cette période que furent mis en place les observatoires et les réseaux de mesure de l'ozone et des gaz à effet de serre qui ont permis d'accumuler pendant cinquante ans de précieuses données. Un jeune physicien américain, Charles Keeling, fut ainsi envoyé à Hawaii (à l'observatoire de Mauna Loa) pour effectuer des mesures et les conjuguer avec celles d'un autre site, en Antarctique. Les mesures de Charles Keeling permirent de dresser une courbe aujourd'hui célèbre qui confirma l'augmentation croissante de la concentration du CO_2 dans l'atmosphère, d'où résulte la hausse observée de la température moyenne à la surface du globe. Stations de mesure au sol, instruments embarqués sur bateaux, avions, ballons ou satellites, campagnes de mesures de grande envergure : notre atmosphère et notre climat sont aujourd'hui placés sous étroite surveillance. Ces données accumulées depuis plus de cinquante ans ont permis de dresser un constat précis de l'état du système climatique et de mettre en évidence le rôle de l'homme dans le réchauffement du climat observé depuis le milieu du xxe siècle. Valérie Masson-Delmotte et Sylvie Joussaume reviennent sur ces modifications observées de l'atmosphère et du climat.

Une exposition… un livre

Ces Années polaires telles qu'organisées par les instances scientifiques internationales se sont révélées être des événements majeurs dans l'exploration et l'étude des régions polaires et de l'atmosphère. C'est dans ce cadre d'approche qu'est proposée l'exposition « Atmosphère… Le climat révélé par les glaces » au musée des Arts et Métiers. Une exposition qui vise tout d'abord à commémorer des périodes clés qui ont jeté les bases de l'étude de l'environnement terrestre et des mécanismes fondamentaux régissant notre planète. L'Année géophysique a également permis de mettre en évidence l'impact que l'homme peut avoir sur son environnement global et de replacer cette question au cœur des préoccupations de notre société. Un processus qui a abouti à la mise en place en 1987 du protocole de Montréal, relatif à la préservation de la couche d'ozone, et à la signature en 1997 du protocole de Kyoto, lequel, ratifié en 2005, engage 180 pays dans la lutte contre les changements climatiques.

Il s'agit surtout de retracer, au travers de cette exposition et du présent ouvrage, une formidable épopée logistique et technique et de saluer une extraordinaire aventure humaine faite d'efforts mutuels entre les nations. Une aventure qui a d'ores et déjà abouti à des avancées scientifiques majeures dans de très nombreux domaines de recherche sur l'atmosphère, les océans, le climat et l'environnement en général. Mais, en filigrane, les régions polaires, pourtant isolées des principales sources de pollution, apparaissent comme un milieu fragilisé par l'homme. Mieux les connaître et mieux les comprendre est alors une première étape pour aider à les préserver.

Les régions polaires sont aux avant-postes des perturbations du climat. La fonte de la banquise qui s'est accélérée au cours de ces dernières années représente une menace majeure pour les peuples de l'Arctique et pour la faune de ces régions où la vie est une lutte quasi permanente.

Arctique et Antarctique, pôles d'attraction scientifique

Gérard Jugie et Patrice Godon

La découverte

Le premier « Français » connu à s'aventurer dans les hautes latitudes est le Marseillais Pythéas, qui, quatre siècles avant J.-C., franchit le cercle polaire arctique après avoir longé les côtes de la Grande-Bretagne puis reconnu les îles Féroé et l'Islande. Suivent deux millénaires relativement calmes. Si la notion de *terra australis incognita* apparaît dans le sillage des navigateurs et des grandes découvertes du XVe siècle, il faudra attendre la vague des explorateurs des XVIIIe et XIXe siècles pour aborder le Grand Sud. Ainsi Bougainville, avec Guyot et Chênard de La Giraudais, Etchevery, Surville, puis Marion-Dufresne et Crozet découvrent-ils les îles Marion et du Prince-Édouard et le groupe des îles Crozet. En Arctique, la concurrence est plus rude et les Français moins nombreux. Cependant, au début du XVIIIe siècle, Courtemanche hiverne au nord du Labrador avant que, quelques décennies plus tard, on retrouve Kerguelen en mer du Groenland et en Islande et La Pérouse à Sakhaline et au Kamtchatka.

Les voyages scientifiques

À compter de la seconde moitié du XVIIIe siècle, les nations font accompagner leurs expéditions de reconnaissance et de prise de possession par des scientifiques – naturalistes, astronomes, géographes, hydrographes... Le XIXe siècle voit de nombreux marins français, tels d'Entrecasteaux, Huon de Kermadec, Beautemps-Beaupré, Baudin, Freycinet, Duperrey, Dupetit-Thouars, aborder les terres les plus australes et descendre toujours plus au sud. Le navigateur britannique Weddell assure alors avoir atteint la latitude de 74° 15' dans une mer libre de glaces ; c'est ce que veut vérifier Dumont d'Urville quand il quitte Toulon en septembre 1837. Malgré son échec, il reconnaît de nouvelles terres auxquelles il donne des patronymes français (Louis-Philippe, Joinville...). Après divers travaux géographiques et scientifiques en Océanie, il repart d'Hobart, en Australie, et touche les côtes de la terre qu'il appellera « Adélie » le 21 janvier 1840. Enfin, la dernière décennie du XIXe siècle voit se dérouler différentes missions qui viennent confirmer la souveraineté de la France sur les îles australes (Kerguelen, Crozet, Saint-Paul et Amsterdam).

L'époque récente

Les expéditions se font plus nombreuses dès le début du XXe siècle au nord comme au sud. Les équipements se modernisent tant à terre qu'en mer. Jean-Baptiste Charcot organise deux campagnes en Antarctique, dans le secteur de la péninsule, en 1903-1905 avec le *Français* puis en 1908-1910 avec le *Pourquoi Pas ?* Après la Première Guerre mondiale, il multiplie les missions dans l'Atlantique Nord et dans l'Arctique. Il met en place, au Groenland, les hivernants de la seconde Année polaire au Scoresby Sund en 1932 puis Paul-Émile Victor et ses compagnons à Ammassalik en 1934.

En 1936, Paul-Émile Victor traverse le Groenland d'ouest en est en traîneau à chiens avec trois compagnons et hiverne dans une famille eskimo à Kangerlugssuatsiak, à 250 km au nord d'Ammassalik.

Double-page précédente : à proximité de la hutte de Kangerlussuatsiaq, le lieu d'hivernage de Paul-Émile Victor entre l'été 1936 et l'été 1937. Comme ses compagnons eskimos (appelés aujourd'hui les Inuits), Paul-Émile Victor quittait la maison d'hiver, semi-enterrée et fabriquée à partir d'un mélange de tourbe et de pierres, pour aller habiter sous la tente, à la fonte des neiges et de la banquise. Aux tentes en peau de phoque (*tupeq* – d'un mot apparenté au *tipee* amérindien) des Eskimos, l'explorateur français préférait les toiles de tente en nylon d'époque.

Ci-dessous : sur le pont du navire polaire le *Pourquoi pas ?*, le commandant Jean-Baptiste Charcot (en complet sombre) au milieu de ses compagnons de mission. De gauche à droite : l'ethnologue et chef de mission Paul-Émile Victor, le cinéaste Fred Matter-Steveniers, le géologue Michel Perez et l'anthropologue Robert Gessain.

Le bateau *Pourquoi pas ? IV* (baptisé par la suite « *Le Français* ») de Jean-Baptiste Charcot dans la banquise de l'Antarctique. Peinture d'Étienne Blandin.

Les Expéditions polaires françaises (EPF)

Paul-Émile Victor termine la Seconde Guerre mondiale en Alaska dans une unité de l'armée de l'air américaine. Il met à profit ces années pour enrichir sa connaissance des régions polaires et découvrir les techniques modernes de survie. Rentré en France en août 1946, il confirme sa volonté d'organiser une première mission scientifique au Groenland en mettant en œuvre les technologies expérimentées aux États-Unis. Trois jeunes montagnards, Jacques-André Martin, Robert Pommier et Yves Vallette, l'amènent ensuite à s'intéresser aussi à la terre Adélie. Un ambitieux projet d'expéditions scientifiques est prêt à la fin de l'année. Aidé efficacement par son ami André-Frank Liotard, rencontré aux États-Unis et qui possède de nombreuses relations politiques, Paul-Émile Victor soumet son projet au gouvernement de Paul Ramadier, projet qui est approuvé par le Conseil le 28 février 1947.

L'organisation « Expéditions polaires françaises – Missions Paul-Émile Victor » (EPF), est créée. L'Académie des sciences met en place une commission scientifique et, en juillet 1947, l'Assemblée nationale vote les crédits nécessaires aux expéditions vers le Groenland et la terre Adélie. Paul-Émile Victor s'est entouré d'un comité composé d'André-Frank Liotard et de ses compagnons d'avant-guerre, Robert Gessain et Raymond Latarjet, ainsi que du géologue Michel Pérez. Tout va très vite : côté Groenland, une première campagne préparatoire reconnaît, durant l'été 1948, l'accès de l'inlandsis (l'épaisse couche de glace qui recouvre cette grande île, aussi appelée « calotte polaire ») tandis qu'un navire destiné au voyage vers la terre Adélie est acheté et confié à la Marine nationale – il sera baptisé *Commandant Charcot* et appareillera pour l'Antarctique à l'automne 1948.

Les premières missions mécanisées au Groenland

Le programme prévoyait la réalisation de plusieurs campagnes d'été axées autour de déplacements motorisés en véhicules à chenilles sur l'inlandsis, dans la partie centrale du Groenland, et l'établissement d'une station d'hivernage (dite « station centrale ») prévue pour fonctionner deux ans. Un support aérien avec largage de matériel à partir de l'Islande complétait la logistique au sol. Les principales recherches projetées concernaient la géodésie (la science étudiant la forme et les dimensions de la Terre), la glaciologie, la gravimétrie (la science qui étudie le champ de pesanteur terrestre), la météorologie et la physique de l'atmosphère.

La première expédition embarque à Rouen le 14 mai 1948 et le programme se poursuivra jusqu'en 1953. La station centrale sera construite et mise en service en septembre 1949. Deux hivernages comportant huit puis neuf personnes se dérouleront respectivement en 1949-1950 et 1950-1951.

Ces deux campagnes d'été représenteront environ 10 000 km parcourus et démontreront que la logistique moderne (avec les raids motorisés) constitue le véritable outil opérationnel pour l'exploration scientifique des calottes polaires.

Les premières campagnes en terre Adélie

Après l'échec de la première expédition du *Commandant Charcot*, qui, partie de Brest en novembre 1948, doit faire demi-tour face à une large étendue de banquise (pack), la seconde (quinze hommes dont douze hivernants et 150 t de matériel) embarque, toujours de Brest, le 20 septembre 1949 et atteint le pack le 29 décembre 1949. Le choix définitif d'un site d'installation se fait le 20 janvier, sur un emplacement rocheux situé par 69° 49' de latitude S et 141° 24' de longitude E. Le débarquement se termine le 2 février et le navire appareille le 8.
La base reçoit, en souvenir d'un membre de l'expédition décédé en route, le nom de « Port-Martin ».

Port-Martin

Le premier hivernage, sous la direction d'André-Frank Liotard, démarre par la construction de bâtiments comprenant une salle commune, une cuisine, un dortoir, un laboratoire et, en prolongement, un atelier et une centrale électrique. Les observations scientifiques commencent, elles, dès la mi-février 1950. Des raids en traîneaux à chiens et en véhicules se déroulent tant sur la glace de mer que sur le plateau antarctique. L'un d'eux a lieu, notamment, à Pointe-Géologie où est découverte, dans un cadre magnifique, une importante colonie (aussi appelée « rookerie ») de manchots empereurs.
Le deuxième hivernage débute le 5 février 1951 sous la direction de Michel Barré. De nouvelles constructions sont ajoutées à la base existante et l'expédition, qui dispose de trois véhicules à chenilles (les fameux Weasel), et toujours de la meute de chiens de traîneaux, engage plusieurs raids de reconnaissance – plus de 3 000 km vers Pointe-Géologie, Cap-Pépin, Cap-Denison et, par l'intérieur du plateau, vers la limite ouest de la terre Adélie – qui lui permettent d'effectuer un certain nombre de relevés scientifiques et cartographiques.
Le 14 janvier 1952, le navire norvégien *Tottan*, affrété par les EPF, débarque la troisième relève d'hivernage de Port-Martin et se rend à Pointe-Géologie pour y déposer quatre hommes et établir une petite base chargée essentiellement des premières études de la colonie de manchots empereurs. Au cours de la nuit du 23 au 24 janvier, un incendie, attisé par un vent violent, détruit la station. Les membres de la deuxième expédition et ceux de la relève rembarquent le soir même sur le *Tottan*.

L'hivernage de 1952 à Pointe-Géologie

Lorsque le *Tottan* se présente à Pointe-Géologie pour rapatrier les quatre hommes qu'il y a laissés, ces derniers ont déjà commencé leur installation sur l'île des Pétrels et l'équipe, dirigée par Mario Marret, est décidée à accomplir l'hivernage prévu. Trois autres personnes, dont un observateur australien de la relève de Port-Martin, restent, ce qui porte le nombre des hivernants à sept. Le *Tottan* appareille le 20 janvier.
Les sept hommes s'activent pour agrandir le bâtiment primitif en utilisant des matériaux prévus à l'origine pour Port-Martin. Le relais radio de Port-Martin ayant disparu, Mario Marret bricole un émetteur plus puissant et, après des semaines de silence, établit une liaison avec la métropole *via* Nouméa.
Malgré les moyens très réduits dont dispose l'équipe, différents travaux scientifiques sont conduits durant l'hivernage : mesures de météorologie, étude de la glace de mer, marégraphie, physiologie humaine et, surtout, observation des manchots empereurs et des autres oiseaux de l'archipel.
La base ferme le 14 janvier 1953 et le *Tottan* quitte Pointe-Géologie avec les sept hivernants.

Les grands programmes scientifiques internationaux : les Années polaires et l'Année géophysique internationale

L'observation isolée de phénomènes naturels ne conduit pas à une vision globale de l'environnement. Seul un travail coordonné avec une vaste couverture de la planète contribue à faire progresser la connaissance. Si les observatoires se sont assez rapidement développés aux latitudes moyennes et même sous les tropiques, ce n'était pas le cas dans les régions polaires, trop isolées. Deux initiatives, en 1875 puis en 1932-1933, vont s'efforcer de les organiser sur un plan international et de les étendre vers les hautes latitudes. Ce seront les deux premières Années polaires.

La reprise de l'activité scientifique civile après la fin de la Seconde Guerre mondiale justifie la globalisation des observations dans le domaine des sciences de la Terre.

Le Conseil international des unions scientifiques (ICSU) initie une période de coopération internationale d'observations scientifiques coordonnées et décide en octobre 1952 de l'organisation d'une Année géophysique internationale (AGI). Ce ne sera pas simplement une troisième Année polaire car elle concernera toute la planète (avec une attention particulière portée à l'Antarctique).

Elle se déroulera officiellement du 1er juillet 1957 au 31 décembre 1958.

En France, l'Académie des sciences crée un Comité national de l'Année géophysique. Une autorisation de programme couvrant sept années de budget (1953-1960), dont la moitié dédiée à la terre Adélie, est accordée par le gouvernement et une convention est passée avec les EPF pour assurer le support administratif et financier. Sous le nom d'« Expéditions antarctiques françaises de l'Année géophysique internationale » (EAAGI), trois hivernages sont programmés : l'un préparatoire, en 1956, créera l'infrastructure, les deux autres, en 1957 et 1958, couvriront la période proprement dite de l'AGI.

L'Année géophysique internationale 1957 - 1958

L'affrètement d'un nouveau navire, le *Norsel*, permet l'organisation de quatre voyages, qui transporteront au total soixante hivernants et 1 000 t de matériel.

La campagne préparatoire, qui comporte quatorze hommes, est dirigée par Robert Guillard, déjà premier chef d'hivernage en 1949-1950 au Groenland. L'objectif est la construction des deux bases prévues par la France pour l'AGI. La principale, Dumont-d'Urville, est implantée au sommet de l'île des Pétrels (40 m), dans l'archipel de Pointe-Géologie où s'est déroulé l'hivernage de 1952 et où le climat paraît moins rude qu'à Port-Martin. L'autre, Charcot, est un petit laboratoire d'altitude conçu pour trois personnes ; l'abri principal, de 6 × 5,5 m, est enfoui dans le névé à 320 km au sud de Dumont-d'Urville et à 2 400 m d'altitude. Les transports sont assurés par cinq véhicules et plusieurs raids, conduits entre octobre 1956 et janvier 1957, sont nécessaires pour acheminer les 40 t de matériel que demande le projet. Cette campagne s'achève le 18 janvier 1957.

La deuxième expédition, dirigée par Bertrand Imbert, arrive le 23 décembre 1956. Elle comprend vingt-trois hommes dont trois occupent la station Charcot – ils resteront isolés du 1er février au 27 novembre 1957 (comme le racontent Roland Schlich et Claude Lorius dans le chapitre qui suit).

À Dumont-d'Urville, après l'extension prévue du bâtiment principal et l'édification d'un certain nombre d'abris annexes, commence la mise en place des nombreux équipements scientifiques qui devront être opérationnels pendant la période d'observation de l'AGI. Des raids sont organisés avec le retour du printemps, en octobre, pour ravitailler la station Charcot puis rapatrier les premiers hivernants, mais aussi pour établir un profil sismique depuis la côte sur 500 km (soit 160 km au sud de Charcot) et faire des observations glaciologiques.

La troisième expédition de l'AGI arrive le 7 janvier 1958 avec elle aussi vingt-trois hivernants dont trois pour Charcot. Après ce dernier hivernage, la station Charcot est définitivement fermée le 9 janvier 1959.

Paul-Émile Victor ayant obtenu du gouvernement français les crédits nécessaires au maintien opérationnel de Dumont-d'Urville, les hivernants sont relevés par une équipe plus réduite de douze hommes et ils quittent l'île des Pétrels le 31 janvier 1959 en sachant que leurs efforts seront poursuivis.

La réalisation de l'observatoire permanent Dumont-d'Urville

La station Dumont-d'Urville hérite des installations de l'AGI. Elles comprennent trois bâtiments métalliques ainsi qu'une dizaine d'abris scientifiques en contre-plaqué hébergeant des capteurs sensibles ou des installations réputées dangereuses (fabrication d'hydrogène, lancement de ballons, etc.), à côté des installations de 1952, dites « base Marret ».

À l'opposé de ces implantations, qui avaient été conçues pour une période limitée, le concept de l'ensemble a été repensé sous la forme d'un « campus permanent ». Les nouveaux bâtiments (dits « de génération Spair ») seront constitués de panneaux sandwich de 9 cm d'épaisseur. Le bâtiment reposera sur un radier métallique monté sur pilotis. Le sol n'aura ainsi pas besoin d'être terrassé, la neige pourra circuler et on évitera la formation de congères.

La reconstruction commence en 1963 pour s'achever en 1972. Sont successivement édifiés la centrale électrique, deux laboratoires, le bâtiment collectif « vie commune » (avec cuisine, boulangerie, office, réfectoire, salon-bibliothèque), un bâtiment de logement avec des chambres individuelles, enfin la radio et l'agence postale. Tous ces bâtiments, isolés les uns des autres, sont reliés par des passerelles métalliques rendant la circulation plus aisée. En parallèle, de nouveaux préfabriqués sont installés : un magasin général technique, un nouvel atelier véhicules, un dortoir pour les personnels des campagnes d'été. La nouvelle centrale possède quatre groupes (trois de 125 kVA et un 175 kVA, fournissant en moyenne 100 kW en triphasé 220/380 V).

L'alimentation en eau douce est assurée par un évaporateur utilisant les calories du circuit de refroidissement des groupes et produisant alors 3 t par jour.

Les bâtiments métalliques hérités de l'AGI sont temporairement reconvertis en magasins et en ateliers techniques.

Progressivement, les anciens abris scientifiques en contre-plaqué sont remplacés par des bâtiments préfabriqués ou par de nouveaux abris (shelters). Une cave est creusée dans le gneiss de l'île pour accueillir les sismographes.

La station radio entretient le contact avec le monde extérieur. Deux liaisons avec la métropole sont exploitées : une liaison PTT *via* les services de Nouméa et une liaison administrative *via* la station du territoire de Kerguelen. Longtemps limités à de la télégraphie sur ondes décamétriques, les échanges passent progressivement sur télétype. Les liaisons par satellites (Inmarsat) apparaîtront dans les années 1980, apportant confort, sécurité, permanence des liaisons, téléphone et fax.

Sommet de l'île des Pétrels,
état de la base Dumont-d'Urville en 1956.

La période des Expéditions glaciologiques internationales (EGIG)

Si l'AGI a permis aux EPF de revenir en Antarctique et d'y maintenir la présence de la France, rien ne laissait envisager une reprise des activités au Groenland à son terme. Sous la direction de Paul-Émile Victor, les EPF sont pourtant chargées de l'organisation et de la réalisation opérationnelle d'un programme international.
Ce programme, ambitieux, nécessite une logistique particulièrement lourde.
La préparation des nouvelles campagnes commence donc au cours des étés 1957 et 1958 avec l'acheminement des matériels puis la construction d'une nouvelle station d'hivernage, Jarl-Joset, située par 71° 20' N et 33° 55' O à 2 800 m d'altitude.
L'hivernage comprendra six membres – quatre Français, un Suisse et un Allemand – et débutera le 15 août 1959. La station sera fermée le 28 juillet 1960 et ne sera réoccupée que pour de courts séjours d'été.
En effet, la seconde campagne EGIG commencera en 1967 et s'étalera sur deux campagnes d'été pour s'achever en septembre 1968.

Bivouac lors d'une mission au Groenland.

L'activité polaire actuelle

La création de l'Institut polaire

La création de l'Institut polaire, en 1992, par décision conjointe des ministères de la Recherche et des DOM-TOM, correspond à une logique d'évolution tant administrative qu'organisationnelle. En effet, jusqu'à cette date, l'activité polaire antarctique était partagée entre deux organismes : les EPF, association loi 1901, étaient responsables de la logistique et de la mise en œuvre des programmes scientifiques, tandis que le territoire des terres Australes et Antarctiques françaises (TAAF), créé en 1955, était responsable de la gestion administrative et financière de ces mêmes programmes depuis la signature du traité sur l'Antarctique, en 1959. L'Institut polaire reprend l'activité de logistique des EPF. Sa mission principale est de mettre en œuvre des programmes scientifiques dans les régions polaires et subpolaires des deux hémisphères, en évaluant et en sélectionnant les projets sur la base des recommandations du Conseil des programmes scientifiques et technologiques, de mettre à disposition des infrastructures d'accueil (bases, maintenance des équipements) et d'organiser les expéditions scientifiques, depuis la métropole jusqu'au terrain. Cette responsabilité scientifique s'étend aux districts austraux des TAAF et à toutes les zones polaires : Antarctique en et hors terre Adélie, Groenland, Spitzberg... L'Institut polaire est également responsable de la gestion et de l'organisation des campagnes scientifiques à bord du *Marion-Dufresne*. Au bout de dix ans, l'Institut français pour la recherche et la technologie polaires (IFRTP) devient l'Institut polaire français Paul-Émile Victor (IPEV). Depuis 1993, il est installé à Brest, ville de départ des premières missions vers la terre Adélie.

Les disciplines scientifiques

Comprendre la Terre implique, nous l'avons déjà dit, d'en mesurer les différents paramètres en de nombreux points d'un réseau pour aboutir à une vision globale. Dans ce cadre, les observatoires permanents de l'Antarctique sont irremplaçables, car implantés dans un secteur du globe où ils sont particulièrement isolés. Dumont-d'Urville est située à 2 700 km au sud de l'Australie et ses plus proches voisins dans l'Antarctique se trouvent à plus de 1 300 km. Les différentes disciplines d'observation de la Terre et de son environnement présentes pendant l'AGI sont maintenues. D'autres les ont rejointes. Mais avec les années, c'est, d'une part, la modernisation des dispositifs instrumentaux qui marque de façon sensible l'histoire scientifique de Dumont-d'Urville et, d'autre part, le développement des recherches dans le domaine des sciences du vivant (biodiversité et écosystèmes adaptés aux conditions extrêmes, étude de l'adaptation humaine en milieu confiné, etc.) et dans toutes les disciplines ayant trait à l'étude du milieu marin.

Dumont-d'Urville de nos jours

La station conserve le même aspect qu'à sa construction, il y a quarante-cinq ans, avec des bâtiments qui ont vieilli. Un programme de rénovation, commencé en 1992, réhabilite, complète ou rénove la station au gré des budgets. Les bardages ou toitures ont été améliorés. De nouveaux bâtiments ont été construits, comme le laboratoire de biologie consacré à la faune locale ou l'atelier de mécanique – l'ancien atelier a été démonté et les composants rapatriés en Australie et en France. Pour remplacer le bâtiment de vie commune de l'AGI, un programme de construction de trois magasins et d'un gymnase a commencé en 1998 et doit s'achever en 2009. La centrale électrique a été entièrement remplacée en 1998, le système de pompage de l'eau de mer a été rénové et la modernisation de l'évaporateur a été complétée par un osmoseur. Enfin, d'importants travaux de terrassement ont permis d'édifier un hangar à engins et un grand radier métallique destiné au stockage de matériel en extérieur et de construire une route reliant le sommet de la station au dortoir. L'aménagement d'un hangar de 400 m² et d'un dépôt permet de stocker le carburant transitant vers le continent sur la plate-forme de l'île du Lion, à l'extérieur de l'île des Pétrels.

Les anciens véhicules à chenilles ont été remplacés par des machines plus sophistiquées. Les télécommunications ont elles aussi été modernisées et, si une station hertzienne a été conservée en secours, tout le trafic se fait désormais sous forme électronique – courriel – par satellites.
Enfin, la gestion des déchets a été rationalisée. À l'exception des eaux usées, il n'y a plus de rejet de déchets dans l'environnement. Tous les déchets du site sont triés au fur et à mesure de leur production, stockés et rapatriés en Australie ou en France pour être traités ou recyclés.
Dumont-d'Urville est aujourd'hui un lieu de transit vers Concordia, située à l'intérieur du continent Antarctique. Une station d'été pouvant héberger une vingtaine de personnes a été construite à Cap-Prud'homme, le point d'accès à la calotte glaciaire de l'archipel de Pointe-Géologie. Elle permet d'abriter et d'entretenir les matériels de raid et constitue une base de formation pour les convois en route vers Concordia.

Dumont-d'Urville en 2004.

Convoi en route vers Concordia.

L'exploration et l'implantation sur le continent

Après le soutien et les séjours à la station Charcot, l'activité d'exploration reprend sur le continent au début des années 1970 avec les raids IAGP (International Antarctic Glaciological Project). Le premier parviendra à plus de 800 km de la côte en direction du Dôme C et de la station Vostok. Le Dôme C commencera à être le lieu de toutes les attentions avec la réalisation, en 1978, d'un forage glaciologique qui atteindra 900 m de profondeur et permettra ainsi d'obtenir des échantillons vieux de trente mille ans. Au début des années 1980, il apparaît clairement, à travers diverses concertations scientifiques, qu'il est nécessaire de s'implanter sur le continent. Le site choisi est celui du Dôme C, qui convient aux glaciologues, mais aussi aux spécialistes de l'atmosphère moyenne et aux astronomes. Le Dôme C, situé sur le haut plateau, à 3 225 m d'altitude, est quasiment horizontal et sans crevasses. Il répond à la majorité des critères scientifiques : épaisseur de la glace (3 200 m), faiblesse des précipitations (2 à 10 cm de neige par an), pureté de l'atmosphère, durée d'ensoleillement continue. La moyenne des températures y est de – 25 °C en été et de – 70 °C en hiver et la vitesse des vents y oscille entre 3 et 10 m/s. Il se trouve enfin à 1 110 km de Dumont-d'Urville, à 600 km de Vostok et à 1 200 km de la base italienne Mario-Zuchelli.
L'exploitation scientifique commence en décembre 1996 avec le forage glaciologique européen EPICA (European Project for Ice Coring in Antarctica), en même temps que les premiers travaux de construction d'une base permanente franco-italienne, Concordia. L'aménagement du site débute avec l'édification d'un camp permettant de loger quarante-cinq personnes, personnel logistique ou scientifique. Ce camp sera par la suite transformé en base de secours pour les hivernants.

Les raids

Le « raid » est le terme utilisé tout au long de l'aventure polaire française pour désigner une opération en véhicules. Dans le cas du ravitaillement du site du Dôme C, les raids sont le dernier maillon d'une chaîne de transport commençant en France, en Italie ou en Australie. Le premier, au départ de Dumont-d'Urville, a eu lieu en novembre et décembre 1993 et la fin de saison 2007-2008 a vu le trente-septième se terminer avec succès. Ce mode de transport a été choisi car son coût global pour le fret est inférieur à celui du transport aérien.
D'un seul raid annuel au début du projet, l'IPEV et le PNRA (Programma nazionale ricerche in Antartide) italien sont passés, dès la saison 1997-1998, à trois raids au cours de chaque été austral. Cette montée en puissance est l'aboutissement d'un long travail d'étude et d'organisation où tous les postes techniques ont été analysés et étudiés – fiabilité des équipements, optimisation des masses des matériels porteurs, amélioration de la progression par mauvais temps, réutilisation des traces créées, nivelage, etc. À la différence des raids à caractère scientifique, les raids de logistique doivent répondre à des critères qualitatifs précis : respect du calendrier, état des matériels livrés, amélioration du volume et du poids transportés, capacité à faire face aux imprévus. Le temps nécessaire aux trois raids annuels dans les quatre-vingt-dix jours alloués par l'agenda des campagnes ne laisse que très peu de marge pour faire face aux aléas. Les équipements composant les convois

se répartissent en trois catégories : les engins de nivelage, les engins tracteurs et les engins remorqués. Parmi ces derniers, il faut distinguer les éléments servant au fonctionnement du convoi (caravanes, magasins) des éléments de charge transportant le fret. Les engins de nivelage ouvrent la route afin d'offrir une surface plane et compactée aux engins tracteurs qui, issus du monde agricole, ont été modifiés et adaptés à l'environnement polaire : chenilles larges, crampons rehaussés, réchauffeurs, joints en silicone, etc. L'ensemble des véhicules tracteurs supporte également des éléments collectifs – grues hydrauliques, treuil, phares de mauvais temps, générateurs électriques secondaires, etc.

Les caravanes « vie » peuvent héberger huit à dix personnes. La caravane « énergie » abrite le générateur électrique principal, un petit atelier, le système de production d'eau et un local sanitaire. Une dernière caravane réunit les magasins de nourriture et de pièces de rechange. Les éléments de charge se subdivisent en traîneaux de fret de 6 à 12 m de long et en traîneaux-citernes de 12 et 26 m^3 pour le transport du carburant. Les traîneaux-citernes de 12 m^3 sont laissés sur la route au fur et à mesure de la progression vers Concordia, avec la réserve du retour.

La masse brute d'un convoi peut atteindre 520 t, tracteurs compris, pour une masse nette au départ de 220 à 280 t et une masse livrée de 150 à 200 t. Le temps moyen du voyage est d'environ onze jours à l'aller et neuf jours au retour. Le temps de déchargement sur le site est de deux jours et le temps de préparation à la côte de cinq.

La « route » suivie emprunte la même trace d'une année sur l'autre, ce qui permet aux convois de circuler et de glisser à moindre résistance sur un sol durci par les passages successifs. Le repérage et la navigation, par beau temps comme pendant les tempêtes, lorsque la visibilité est réduite, sont assurés à l'aide de moyens aussi bien basiques – talus et tumulus de neige – que très sophistiqués – ordinateurs d'enregistrement et de relecture couplés à un GPS d'altitude, projecteurs d'éclairage dont la luminosité est supérieure à celle du soleil.

Le personnel comprend des mécaniciens issus du monde des travaux publics, des spécialistes du nivelage en montagne, un médecin, un radio-navigateur et, quelquefois, un technicien scientifique en charge d'une mesure ponctuelle.

Concordia

Le parti architectural de Concordia est directement issu des conditions environnementales du site. La station consiste en trois bâtiments reliés par deux tunnels d'une dizaine de mètres de long.

Les deux premiers, de forme polygonale – dix-huit côtés, trois étages, 17 m de diamètre –, sont érigés sur six pilotis hydrauliques ajustables afin de compenser les tassements différentiels toujours possibles de la surface. Cette distribution, de base 6, permet d'une part de maintenir l'édifice sur quatre pieds seulement en cas de manœuvre d'un pilotis et de son symétrique et d'autre part de faciliter l'ajustement des masses afin que le centre de gravité de l'ensemble avoisine l'axe de symétrie du bâtiment, ce qui évite de surcharger certains pieds par rapport aux autres.

Les panneaux verticaux, réalisés d'un seul tenant en un sandwich de mousse de polyuréthane et de résine époxy armée de tissu de verre, sont de couleur blanche. Cette couleur n'absorbe pas la chaleur et empêche les déformations toujours possibles dues au réchauffement cyclique d'un soleil à l'horizontale et tournant exactement autour de la construction. Très légers par nature, ils sont fixés sur la charpente par l'intermédiaire de brides et de joints élastiques, joints qui autorisent un jeu relatif de l'ensemble si des contraintes mécaniques venues du sol et/ou des contraintes thermiques entre l'extérieur et l'intérieur – jusqu'à 100 °C d'écart – amènent l'ensemble à jouer. Les éléments de la charpente métallique sont entièrement boulonnés afin d'éviter des soudures locales et des concentrations de contraintes, risquées sur un site aussi froid.

Le troisième bâtiment, la centrale électrique, est composé d'unités préfabriquées posées sur deux skis de 25 m. Il est prévu de le déplacer régulièrement, afin de niveler les congères puis de le remettre à son emplacement d'origine une fois le travail terminé. La centrale d'énergie est équipée de trois groupes électrogènes compensés pour l'altitude et fournissant chacun 140 kW pour une consommation annuelle de carburant proche de 250 m³. En principe, la production électrique journalière est assurée par un seul groupe. La chaleur dispersée par les circuits de refroidissement et les échappements des moteurs Diesel est récupérée afin de suppléer aux besoins thermiques (chauffage des locaux par cogénération, fondoir à neige, etc.). Un système de gestion de la consommation électrique aide à stabiliser la production (c'est ce que l'on appelle l'« écrêtage ») en étalant sur la journée les demandes venant de charges non prioritaires.

Afin de respecter l'environnement local, vierge de toute pollution, les carburants et huiles utilisés sont exclusivement sans métaux lourds et sans composés soufrés. Les déchets sont stockés en attente de leur rapatriement vers Dumont-d'Urville, puis vers l'Australie ou la métropole. Enfin, les eaux usées sont retraitées, ce qui permet de limiter à la fois les rejets dans l'environnement et l'utilisation du fondoir à neige.

Charpente métallique
de Concordia en fin d'assemblage.

Vue d'ensemble de la Base Concordia avec une partie de la mission. La base est située à 3225 m d'altitude à l'intérieur de l'Antarctique.

Les eaux recyclées sont en outre réutilisées pour les besoins du lavage. La capacité en hivernage de Concordia est de dix-huit personnes, l'effectif logeant sur place doublant un à trois mois par an, à l'époque de la relève. Sept techniciens assurent la logistique et le fonctionnement pour un maximum de onze personnes en charge des programmes scientifiques.

La station contribue aux programmes internationaux de physico-chimie de l'atmosphère, de climatologie, de paléoclimatologie, d'astronomie et de géophysique. Si l'activité liée au programme européen EPICA est jusqu'à présent la plus importante (Dominique Raynaud et Jérôme Chappellaz y reviennent en détail), l'astronomie et les programmes d'observation spatiale devraient prendre la relève parmi les activités principales : l'Antarctique, fenêtre sur notre planète, depuis la Terre interne jusqu'à la haute atmosphère, offre en effet des conditions exceptionnelles d'observation spatiale...

Les enterrés volontaires de la station Charcot

Roland Schlich et Claude Lorius

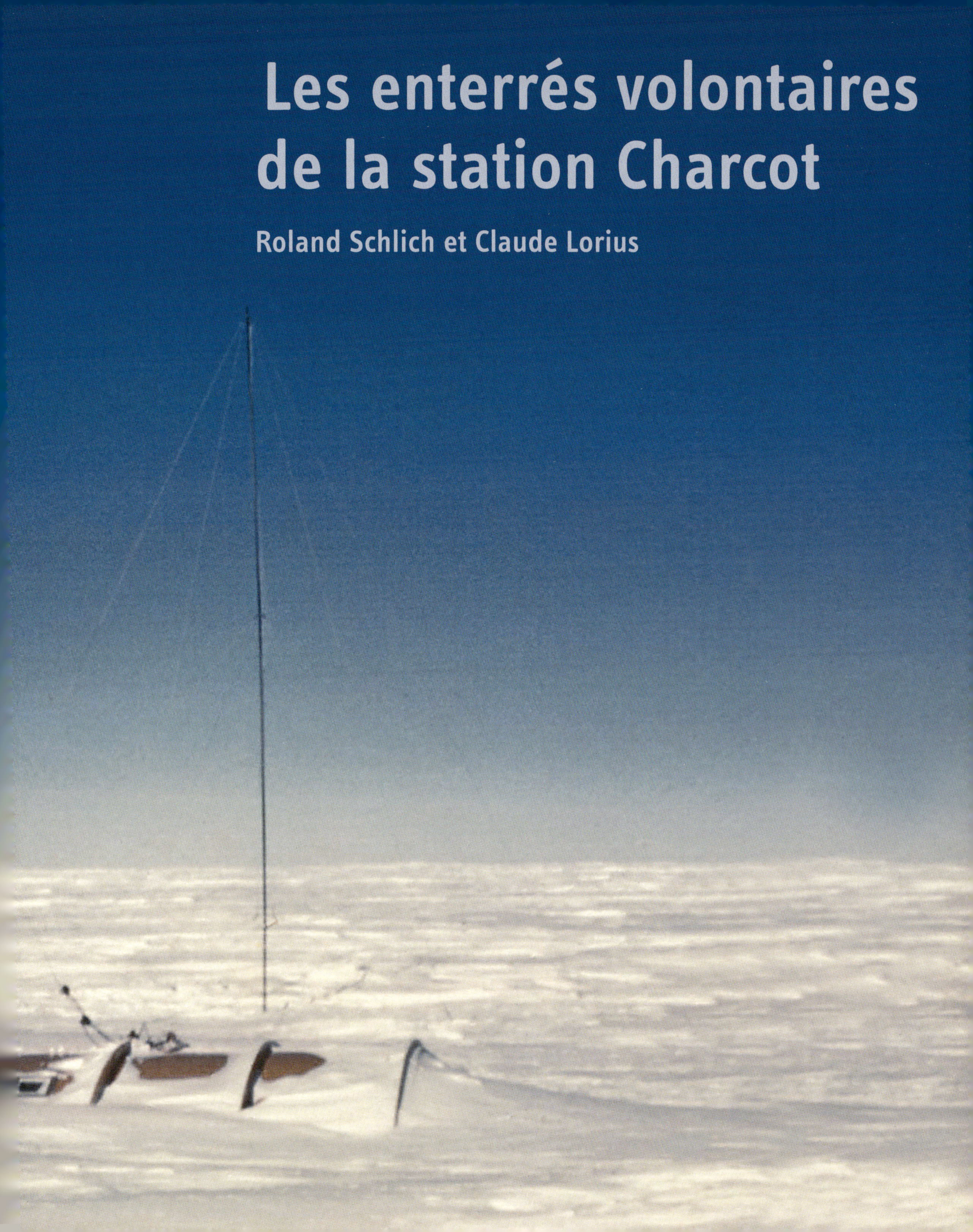

La préparation et l'arrivée en terre Adélie (janvier 1956 - décembre 1957)

Le 7 octobre 1956, à 16 h 30, le *Norsel*, phoquier norvégien (longueur : 45 m, largeur : 9 m, tirant d'eau : 4,75 m) commandé par le capitaine Guttorm Jakobsen, largue les amarres et quitte Le Havre pour entreprendre, *via* le canal de Panamá et Tahiti, un long périple vers la terre Adélie. À son bord, l'équipage, 350 t de matériels et de vivres, des véhicules chenillés, un chaland de débarquement, un hélicoptère et une partie des membres de la deuxième expédition antarctique française de l'Année géophysique internationale. Sur le quai, l'émotion est générale, surtout pour les familles et amis qui sont venus faire leurs adieux aux partants. Le reste de l'expédition, et en particulier les trois hivernants de la station Charcot, rejoindront le navire par avion à l'entrée du canal de Panamá. Ce temps supplémentaire passé en métropole leur permettra de compléter leur formation, qui a débuté en janvier 1956.

Jacques Dubois, ancien du Groenland et de la terre Adélie, a été pressenti par Bertrand Imbert dès 1955 pour le poste de responsable du premier hivernage à la station Charcot. Il restait donc à trouver deux jeunes scientifiques pour constituer l'équipe de cette station avancée. Claude Lorius découvre une annonce sur un panneau de la faculté des sciences de Besançon : « Recherchons jeunes scientifiques pour participer aux campagnes de l'Année géophysique internationale ». Après plusieurs entretiens et quelques tests d'aptitudes, il est recruté pour le programme de glaciologie. Un peu plus tard, Roland Schlich, recommandé par Jean-Pierre Rothé, un ancien membre de l'expédition du Scoresby Sund (voir dans cet ouvrage à la page 29), alors directeur de l'Institut de physique du globe de Strasbourg, est recruté à son tour pour le programme de magnétisme terrestre. Jacques Dubois sera chargé du programme de météorologie. L'effectif de la station Charcot est au complet. Les trois hivernants, appelés à vivre et à travailler ensemble pendant plus d'un an, vont pouvoir débuter leur formation et, surtout, apprendre à se connaître.

Dès lors, tout va aller très vite. Jacques s'occupe de la technique et de la logistique. Pour l'électricité, nous disposerons d'une éolienne et de deux groupes chargeurs à essence ; pour le chauffage, d'un poêle à mazout et pour la cuisine, d'un réchaud à gaz butane. Jacques assurera les liaisons radio quotidiennes avec la base côtière de Dumont-d'Urville ; à ce titre, il doit s'initier à un nouveau métier. Claude découvre la glaciologie. En concertation avec les quelques spécialistes du moment, il définit les grandes lignes de son programme de recherches : il s'agit avant tout de déterminer le bilan thermique de ce continent glacé, c'est-à-dire de mesurer le rayonnement reçu et réfléchi. Il faut choisir les instruments et, surtout, les adapter aux conditions climatiques de l'Antarctique. Roland complète sa formation de géophysicien. La mesure en grandeur et direction du champ magnétique terrestre à proximité du pôle magnétique de surface est un exercice délicat mais essentiel pour le calcul des modèles du champ planétaire. Les caractéristiques de ce champ – la petitesse de la composante horizontale et l'importance du champ vertical – exigent des équipements particuliers qu'il faut en outre eux aussi adapter aux conditions climatiques polaires.

Au-delà de ce travail propre à chacun des programmes scientifiques, il faut s'initier à la mécanique, à l'électricité, aux radiocommunications, à la navigation en milieu polaire, à la conduite de véhicules chenillés, à la médecine d'urgence, sans oublier les tâches liées à la vie quotidienne.

Le *Norsel* en terre Adélie, devant l'île des Pétrels.

Pendant ce temps, en terre Adélie, l'expédition de Robert Guillard prépare le matériel destiné à la station Charcot. Le 1er octobre 1955, une équipe de sept hommes quitte la base côtière de Dumont-d'Urville avec trois Weasel et deux Sno-Cat pour près de cent jours. Au total, ils couvriront une distance de 2 500 km et achemineront sur le plateau antarctique plus de 17 t de matériel. Les difficultés rencontrées limitent la progression du raid et obligent Robert Guillard à implanter la station Charcot à environ 320 km de la côte au lieu des 500 km initialement prévus. Nous sommes à la veille de Noël, le *Norsel* est au large de la terre Adélie. Après un long voyage semé d'embûches, celui-ci jette l'ancre devant l'île des Pétrels le 23 décembre 1956, à 1 heure du matin. Nous apprenons alors que l'équipe Guillard a atteint son but. La station Charcot est en place et pourra accueillir les premiers hivernants. Avant de rejoindre la côte, Robert Guillard et ses compagnons devront toutefois encore creuser une excavation de près de 130 m^3 destinée à recevoir la baraque d'hivernage.

Le soleil ne s'est pas encore couché ; d'ailleurs il ne se couchera pas, il tangente simplement la surface du plateau antarctique. Le spectacle est absolument féerique. D'énormes icebergs de formes et de tailles inattendues, souvent escortés de blocs de glace plus petits, complètent le tableau. Partout on voit surgir et s'ébattre des manchots, pataudes sur la glace, agiles et gracieux dans l'eau. Des phoques énormes somnolent sur des icebergs tabulaires à la dérive. Dans le lointain, on reconnaît le glacier de l'Astrolabe, avec ses falaises verticales coupées au couteau et, au-delà de cette barrière, une vaste étendue blanche pleine d'interrogations. Nous savons que bientôt, nous allons réaliser notre rêve, notre passion, et vivre notre aventure.

Ci-contre : trajets suivis par le convoi et localisation des différents dépôts entre Dumont-d'Urville et Charcot.
Ci-dessous : le glacier de l'Astrolabe.

TERRE ADÉLIE

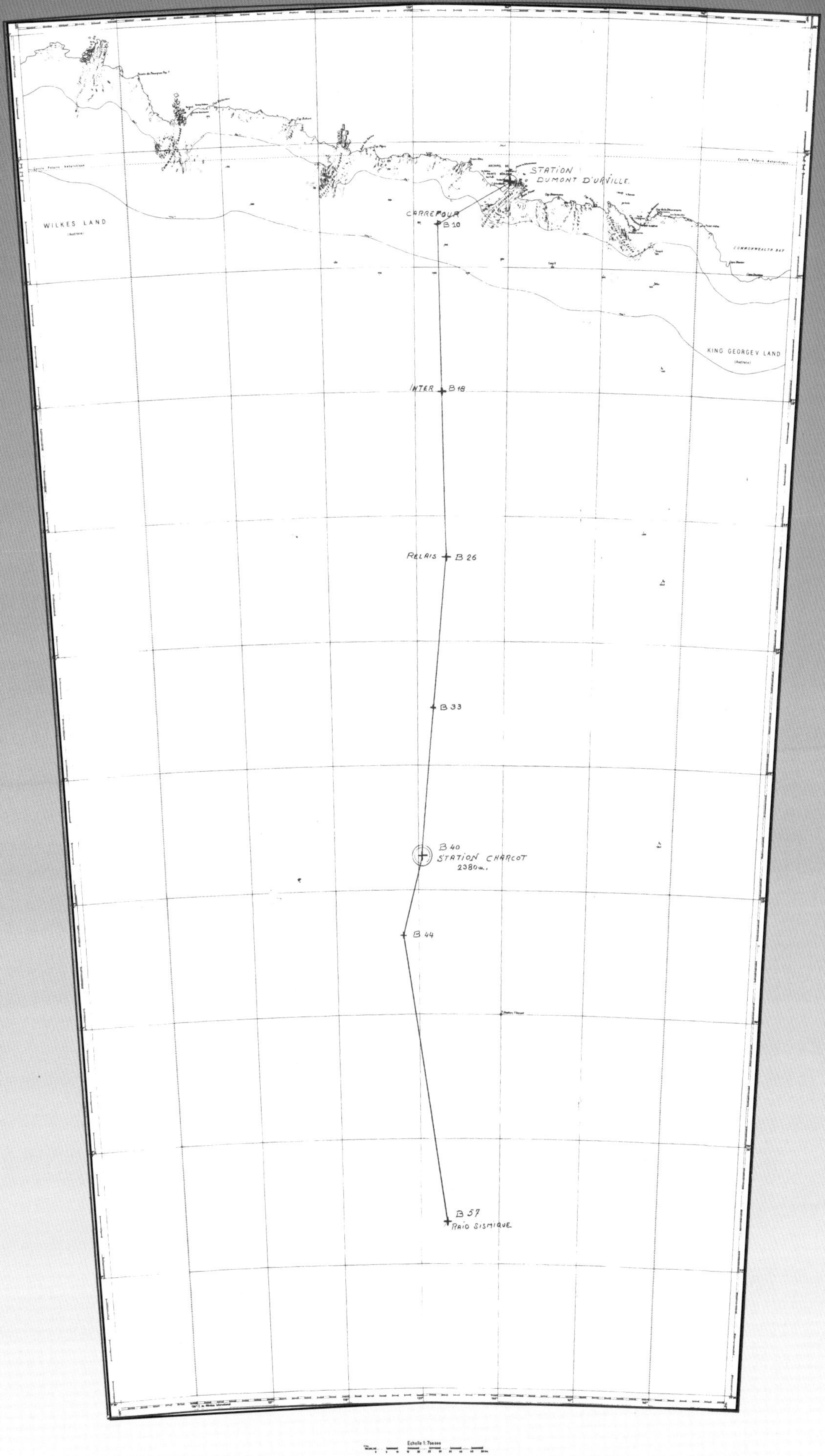

Le raid vers la station Charcot (janvier 1957)

Le *Norsel* à peine arrivé, le débarquement des hommes et du matériel démarre. Il faut profiter de chaque instant de beau temps. Les marins norvégiens accumulent les caisses sur la banquise de glace ; tous les véhicules chenillés étant engagés dans le raid sur le plateau, le transport vers la base, située au sommet de l'île, se fait par traîneaux tirés à bras d'hommes. Il s'agit de dégager la plage le plus rapidement possible étant donné qu'une débâcle est possible à chaque instant. Le travail est harassant, surtout après tant de jours d'inactivité physique.

Le matériel destiné à la station Charcot est rassemblé à proximité de l'aire réservée à l'hélicoptère. Chaque caisse est pesée et inventoriée. Compte tenu des difficultés rencontrées par Robert Guillard à la montée sur le plateau, nous supprimons tous les emballages encombrants et lourds et certains colis (bière, vin concentré, gâteaux secs, etc.) doivent être abandonnés. Finalement, nous réduisons la charge de près de 1 500 kg – il en reste néanmoins 3 771 à transporter.

Le convoi, Sno-Cat, Weasel et traîneaux, en route vers la station Charcot, est bloqué par le mauvais temps.

Le matériel est acheminé par hélicoptère jusqu'au camp B3, situé à 13 km à l'intérieur du continent, au-delà de la zone des grandes crevasses. Au moment du chargement des traîneaux, il nous faut encore réduire la charge. Cette opération est de plus en plus douloureuse car les arbitrages portent à présent sur des matériels jugés essentiels. Le 13 janvier 1957, le convoi, constitué de deux Sno-Cat, d'un Weasel et de six traîneaux, se met en route vers le sud alors que Robert Guillard est sur le point de quitter la station Charcot. La progression se révèle particulièrement difficile. Dès les premiers miles, nous devons faire face à de nombreuses défaillances mécaniques, les moteurs chauffent et les traîneaux souffrent sous la charge ; finalement, nous sommes bloqués par le mauvais temps à quelques kilomètres de Carrefour (B10) : la température est descendue à – 15 °C et le vent souffle à 20 m/s. Nous découvrons le blizzard. Après plusieurs jours de travail sur les Sno-Cat et après avoir abandonné l'un des traîneaux, reconditionné les chargements, déneigé les véhicules, le convoi se remet en route. Nous sommes le 17 janvier 1957 et nous n'avons guère progressé depuis notre départ. Robert Guillard a quitté la station Charcot pour regagner la côte. Le 18 janvier, nous croisons Gaston Rouillon, qui a effectué un dépôt d'essence à Inter (B18), à 105 km de la côte. Le lendemain, 19 janvier, nous faisons la jonction avec Robert Guillard et ses compagnons : c'est la fête, mais elle est de courte durée. Nous procédons à un échange de véhicules, remplaçons un Sno-Cat par un Weasel et reprenons notre progression vers le sud. Quelques heures plus tard, nous sommes bloqués suite à une rupture de chenille ; la réparation est impossible. Le rechange le plus proche est à Relais (B26), situé plus au sud, à 180 km de la côte. Nous n'avons pas le choix, Bertrand et Roland partent pour récupérer la chenille. Nous sommes le 21 janvier 1957, il est 11 heures du matin, le temps est couvert et la visibilité très mauvaise. Nous couvrons le trajet d'une seule traite, déneigeons le dépôt, récupérons la chenille neuve et repartons vers le nord pour rejoindre nos camarades. Le 22 janvier, vers 20 heures, nous sommes de retour, épuisés ; nous mangeons quelque peu avant de nous écrouler de fatigue. Nos camarades procèdent au remplacement de la chenille et nous repartons aussitôt vers le sud en direction de Relais. Après une dizaine de miles, nouvelle panne de Sno-Cat. Il est 5 heures du matin. Le mauvais temps s'est installé, le blizzard souffle avec violence et nous sommes tous cloîtrés dans les véhicules. Après deux jours d'attente, nous pouvons enfin entreprendre les réparations. Devant tant d'adversité et compte tenu des exigences du calendrier, Bertrand Imbert décide de scinder le convoi en deux : Jacques Dubois et Roland Schlich partiront seuls en tête avec un Weasel, le deuxième groupe partira sitôt les réparations faites. Nous atteignons facilement Relais, faisons le plein d'essence et repartons en direction du sud vers 21 heures. Subitement, la visibilité devient extrêmement mauvaise, toutes les traces du raid de Robert Guillard sont effacées et après quelques miles, nous sommes obligés de nous arrêter. En fait, nous sommes perdus, le soleil est caché et la visibilité est nulle. Roland entreprend alors

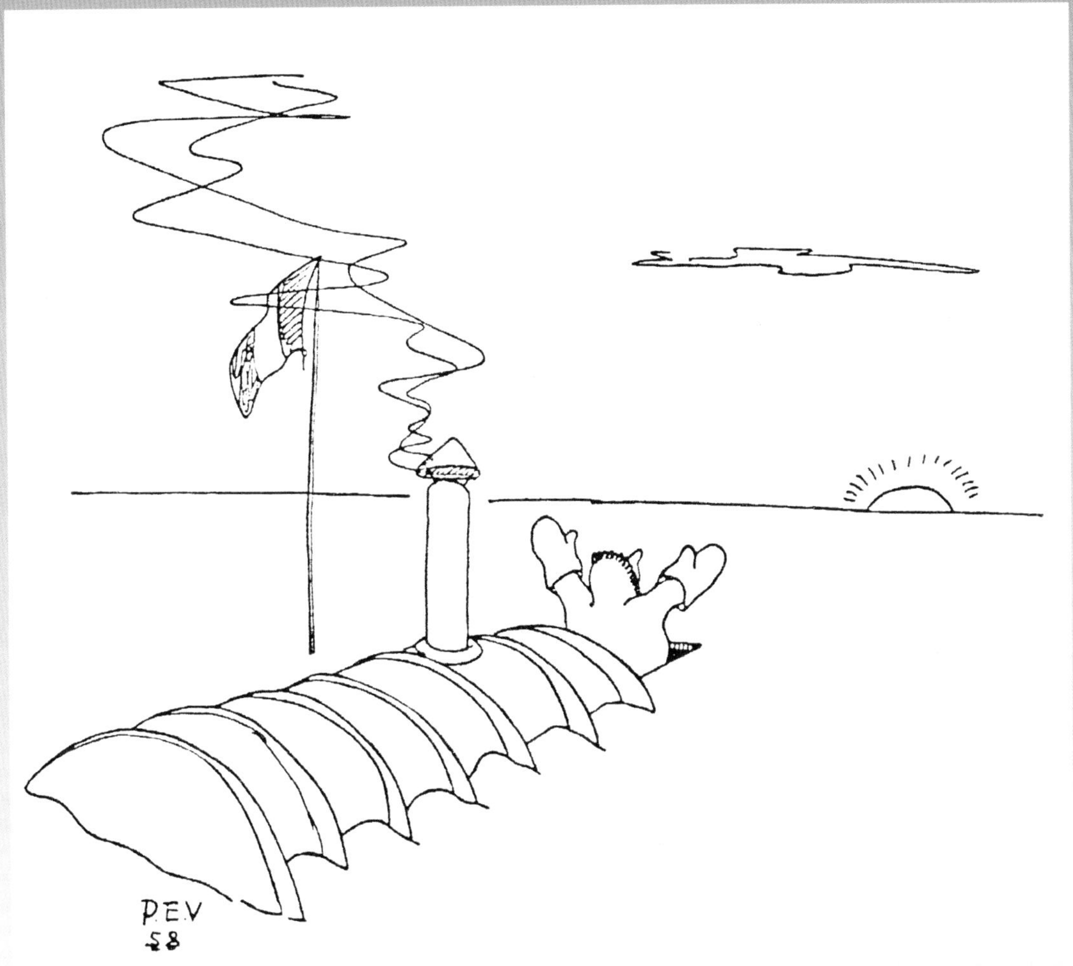

La station Charcot enfouie sous la neige en janvier 1957, dessinée par Paul-Émile Victor.

une reconnaissance à pied afin de localiser la balise la plus proche ; après une heure de recherches, pris de panique, il ne retrouve que très difficilement le véhicule. Quelques heures plus tard, grâce à une accalmie, nous comprenons notre erreur.
Nous roulons toute la journée en nous relayant aux commandes et atteignons finalement B33. Nous chargeons des vivres, faisons le plein d'essence et reprenons la route vers le sud. Le terrain devient de plus en plus mauvais. Il nous arrive de mettre une heure pour couvrir un mile et, souvent, il nous faut sortir du véhicule pour reconnaître le terrain. La température est tombée à – 30 °C et nous progressons toutes portes ouvertes pour mieux voir et, surtout, éviter le piège du monoxyde de carbone.
Le 27 janvier 1957, nous roulons toujours vers le sud en nous relayant toutes les demi-heures pour éviter l'endormissement.

À l'approche du but, le terrain s'améliore et nous progressons plus facilement.
À 17 heures, nous sommes en vue de la station : d'abord les mâts radio puis les deux cheminées qui surmontent la baraque.
Notre émotion est grande, nous marquons un temps d'arrêt avant de nous précipiter vers la trappe donnant accès à la porte d'entrée. La fatigue est oubliée, notre rêve se transforme enfin en réalité. Le 29 janvier, Bertrand Imbert, Dova, Masson et notre troisième compagnon d'hivernage arrivent à la station avec le reste du matériel.
Ils repartiront dès le lendemain, 31 janvier, pour rejoindre la base de Dumont-d'Urville.
La station Charcot est déclarée ouverte.
Nous sommes enfin seuls et tout peut commencer.

De gauche à droite, Roland Schlich, Jacques Dubois et Claude Lorius.

L'installation (février 1957)

La baraque mise en place par l'équipe Guillard est constituée de trois éléments en forme de demi-cylindres de 2 m de rayon fixés sur une paire de patins pour faciliter le remorquage sur la neige. Les parois sont faites de feuilles d'aluminium cintrées prenant en sandwich une couche d'isolant de 5 cm d'épaisseur. L'assemblage des trois éléments a été effectué sur place, avant enfouissement sous la neige. L'ensemble offre une surface au sol de 24 m², affectée à l'habitation et aux travaux scientifiques. Il constitue notre unique protection contre le froid, qui atteindra au cœur de l'hiver austral – 67° C, et le vent, qui certains jours soufflera à 120 km/h.
La porte d'entrée donne directement sur l'élément séjour-cuisine. À droite, nous avons une petite cuisinière à gaz butane, un ensemble d'étagères pour stocker les boîtes de conserve en cours de décongélation et, accrochée à la paroi, une batterie de casseroles. À gauche se trouve la table qui sert aux repas, aux réunions de travail, mais également aux travaux de mécanique et d'électricité. Dans un coin, plusieurs étagères métalliques permettent de ranger les outils, la pharmacie d'urgence, les livres, le tourne-disque et les quelques 33 tours emportés dans nos cantines. Un panneau en contreplaqué comportant une ouverture au centre sépare l'élément séjour-cuisine de l'espace travail : à gauche, le poste occupé par Jacques et dédié à la météorologie, avec la radio et la petite centrale de distribution électrique ; à droite, deux postes de travail occupés respectivement par Claude et Roland. C'est au milieu de cet élément central que se trouve installé le précieux poêle à mazout. Enfin, le troisième élément, également séparé par un panneau de contreplaqué comportant une ouverture centrale, correspond à l'espace repos. La répartition des couchettes a été faite par tirage au sort, chacun ayant exprimé sa préférence pour une couchette latérale. Cette façon d'opérer, qui confiait au hasard le soin d'arbitrer les choix ou décisions mineurs, s'est rapidement imposée ; elle a été acceptée par chacun et nous a évité bien des discussions au cours de l'hivernage. Faute de place, nous avons utilisé les espaces libres de cette aire de repos pour installer la plupart de nos enregistreurs, si bien que notre sommeil était ponctué par les sons associés aux divers mouvements d'horlogerie. D'abord difficiles à supporter, ces bruits nous sont devenus familiers, à tel point qu'une panne ou un arrêt de l'un des mécanismes avaient pour effet immédiat de nous réveiller.
Lors de la préparation de notre hivernage, nous avions retenu le principe d'une rotation régulière des tâches domestiques. Submergés par l'ampleur et la diversité des travaux d'installation, nous avons rapidement opté pour la spécialisation et reporté à plus tard l'application de ce principe. Ainsi, Roland a hérité de la charge de cuisinier et Claude de celle de boulanger et de pourvoyeur d'eau ; quant à Jacques, il veillait à la bonne marche du chauffage et des installations électriques.

Pour nous nourrir, nous avions des féculents en quantité, des boîtes de conserve et surtout le fameux pemmican (préparation de viande concentrée et séchée, bien connue pour ses qualités énergétiques). Pour nous désaltérer, nous avions toute la glace de l'Antarctique, qu'il fallait tout de même faire fondre. Pour nous chauffer, le poêle et les fûts de 50 l de mazout stockés à l'extérieur nous assuraient un certain confort. Enfin, pour nous éclairer et alimenter les appareils scientifiques, nous avions une éolienne, deux moteurs à essence Briban et, en secours, une génératrice à main et des lampes à pétrole.
L'une des premières urgences a été d'organiser le balisage des innombrables dépôts de matériels stockés pêle-mêle à l'extérieur et déjà enfouis sous une épaisse couche de neige. Faute de temps et de place dans la baraque, toutes ces caisses avaient été entassées à l'extérieur sans avoir été préalablement identifiées, ce qui par la suite a posé de nombreux problèmes.
La deuxième urgence a été la production d'énergie électrique, c'est-à-dire l'installation de l'éolienne. Le choix de l'emplacement étant fait, le montage s'est révélé assez simple. Sur un support en forme de tripode fixé sur trois grandes soucoupes enfouies dans le névé, on installe une plateforme circulaire surmontée d'un bâti vertical destiné à recevoir la génératrice. C'est évidemment Jacques qui dirige les

opérations et qui effectue les derniers réglages. Tout est prêt et les premiers essais avec un vent compris entre 10 et 15 m/s sont satisfaisants. Les batteries sont mises en charge et très rapidement nous disposons d'environ 500 W sous 24 V. Les batteries chargées, la lumière jaillit et nous savourons notre plaisir.

Jacques poursuit les installations électriques, réalise ses premières liaisons radio avec la base de Dumont-d'Urville et procède à l'installation de la station météorologique. Claude et Roland créent leurs laboratoires respectifs, nécessairement installés à l'extérieur de la baraque, enterrés sous la neige. Il s'agit de creuser au pic à glace des alvéoles de plusieurs mètres carrés au sol, reliées entre elles par des galeries débouchant sur l'entrée de la baraque. Le laboratoire de glaciologie est implanté à proximité immédiate de la baraque ; par contre, le laboratoire de magnétisme doit être éloigné des masses métalliques, la distance minimum étant d'environ 30 m. La température dans les couloirs oscille entre – 32 et – 40 °C, le névé doit être attaqué à la pioche ; au total, nous dégagerons près de 130 t de glace. Ce travail harassant se prolongera jusqu'à la fin du mois de mai et nous coûtera bien des fatigues.

Après avoir rassemblé et recensé l'essentiel de nos caisses, nous procédons chacun aux installations scientifiques. Dans l'ensemble, il n'y a pas trop de dégâts, si ce n'est la perte de quelques matériels. Il manque notamment deux chronomètres à contacts nécessaires pour le repérage dans le temps de certains enregistrements. La perte de ces chronomètres de précision obligera Roland à un travail fastidieux de repérage manuel des enregistrements.

Dehors, le temps est encore praticable et nous partageons nos heures entre les travaux extérieurs et les installations intérieures, sans oublier le creusement des galeries, qui nous mobilise plusieurs heures par jour. La station météorologique est opérationnelle et le montage de la tour météorologique, de 18 m de hauteur, est en cours. Il règne dans la station une certaine quiétude, chacun a trouvé ses marques et les choses prennent forme. Le repas du soir, le seul pris en commun et préparé par Roland, constitue pour chacun un moment de détente. Nous discutons de nos problèmes, recherchons ensemble les solutions et refaisons périodiquement le monde. Les petits heurts, parfois inévitables, sont très vite étouffés, car nous sommes bien conscients que seule la mise en commun de toutes nos ressources nous permettra de surmonter les difficultés quotidiennes.

Le plateau antarctique avec, au premier plan, à gauche, un tripode matérialisant l'accès à la baraque enfouie sous le névé, au deuxième plan l'éolienne et enfin, à gauche, l'abri météorologique.

La période noire (mars-mai 1957)

Le 9 mars au matin, alors que tout semble aller dans le bon sens, l'éolienne s'arrête et ne délivre plus son ronronnement habituel. Dehors, il fait – 40 °C et les batteries sont pratiquement déchargées. Le démontage de la génératrice se révèle impossible, toutes les tentatives demeurent infructueuses : le froid a bloqué tous les organes mécaniques. Nous disposons de deux groupes chargeurs Briban qui, en principe, doivent suppléer à la production de courant en cas de défaillance de l'éolienne. L'un de ces groupes a fonctionné voilà deux mois lors des premiers travaux d'installation ; il est resté à l'extérieur, enfoui sous la neige, et refuse de démarrer. La liaison radio quotidienne de 17 heures avec Dumont-d'Urville est compromise.
Le moteur est descendu dans la baraque, démonté, séché et révisé. Installés dans le couloir, à l'abri du vent, nous parvenons à le démarrer. Un succès de très courte durée. La ventilation insuffisante des couloirs et une mauvaise évacuation des gaz de combustion va être à l'origine d'une véritable catastrophe : le monoxyde de carbone se propage dans les couloirs et pénètre à l'intérieur de la baraque. Jacques, le premier, perçoit le danger et nous oblige à sortir en emportant nos vêtements chauds. Nous hésitons et avons du mal à réagir ; Jacques élève la voix, ce qui nous surprend beaucoup étant donné son calme légendaire. Nous nous réfugions dans le véhicule de secours, à présent entièrement recouvert de neige. Dehors, nous sommes transis de froid et pris de vomissements ; nous commençons à comprendre l'inquiétude de Jacques. Après plusieurs heures d'attente, nous cherchons le détecteur de monoxyde de carbone qui équipe les véhicules chenillés et procédons à des mesures dans les couloirs. Le diagnostic est éloquent : « dose mortelle en une heure ». Jacques sera le plus atteint et il nous faudra des jours, voire plusieurs semaines, pour retrouver notre équilibre. Bien entendu, il n'est plus question de faire marcher les moteurs dans les couloirs. Les liaisons radio sont définitivement compromises et les batteries étant entièrement déchargées, nous stoppons les quelques appareils déjà installés. Pour l'éclairage, nous faisons appel aux lampes à pétrole et découvrons alors que, par inadvertance, nous avons déjà entamé notre réserve de pétrole pour alimenter le poêle à mazout. Cette erreur stupide, liée à un défaut de repérage des fûts de 50 l stockés à l'extérieur, nous obligera par la suite à utiliser un mélange pétrole-mazout pour nous éclairer. C'est Claude qui, moyennant quelques adaptations et un dosage approprié du mélange, réussit à faire fonctionner les lampes. Le rendement lumineux n'est pas fameux, les cloisons de la baraque et nos appareils se couvrent progressivement d'un film graisseux noir. Mais, si l'éclairage est pauvre, le poêle, heureusement, fonctionne bien. Il fait 0 °C au sol, avec de la glace dans les encoignures et environ 8 °C au plafond ; un vrai confort, nous pouvons travailler en chemises et pulls.
Conscients de la nécessité de reprendre les liaisons radio quotidiennes avec Dumont-d'Urville, nous recherchons la génératrice à main qui fait partie de nos équipements de secours. Stockée à l'extérieur, sous la neige, elle demeure introuvable malgré de nombreuses séances de déneigement. Nous entamons alors la période la plus difficile et éprouvante de notre hivernage, il nous faut définir des priorités pour assurer notre survie.
D'un commun accord, nous décidons de suspendre la recherche de cette génératrice et de poursuivre nos travaux d'installation à l'extérieur. En effet, en dessous de – 40 °C, les travaux associés à la mise en station de nos instruments scientifiques deviennent particulièrement pénibles, alors que manier la pelle et la pioche reste un exercice toujours possible. Nous reportons par conséquent nos problèmes de courant électrique à plus tard.
Claude poursuit le montage de la tour météorologique destinée à l'étude des basses couches de l'atmosphère. Il s'agit de placer et de serrer près de mille boulons, de fixer et de câbler une multitude de capteurs. Roland installe des sondes ultrasensibles à une centaine de mètres de la station pour l'étude des variations magnétiques rapides. Ces capteurs, orientés dans un référentiel géographique, seront reliés par des câbles enfouis sous la neige à des galvanomètres installés à l'intérieur de la baraque. Tous ces travaux, souvent réalisés à main nue, sont délicats, prennent beaucoup de temps et provoquent d'innombrables gelures. La morosité s'installe, nous sommes très en retard sur notre programme et l'absence de contact radio avec la base nous fait plus encore ressentir notre isolement.

Le 1er avril 1957, il fait beau : froid mais sans vent. La tour attend au sol, prête à être dressée. Nous avons travaillé dehors près de vingt-quatre heures d'affilée, le bout des doigts, le nez et les paupières blancs de froid. Au petit matin, la tour est debout, nous consolidons les amarrages avec notre réserve d'eau qui gèle instantanément.
À bout de forces, mais aussi sans possibilité de produire davantage d'eau pour renforcer les scellements, nous regagnons la baraque pour prendre un peu de repos. Alors que nous sommeillons, nous sommes réveillés par la tempête : un vent de 140 km/h déferle sur le plateau, le blizzard interdit toute sortie à l'extérieur. La tour ne résistera pas. Soudain, un grand bruit mat, c'est l'impact de la tour sur la surface neigeuse ; dans sa chute, elle s'est empalée sur les mâts radio situés à proximité. Le spectacle est désolant et Claude est complètement démoralisé.
Il nous faudra beaucoup de volonté, de courage et de travail pour surmonter ce nouveau coup du sort. Nous travaillons énormément, non pas comme des hommes de sciences, mais avec des pelles, des pioches et des barres à mine et perdons le goût des activités intellectuelles. Aux prises avec toutes les urgences du quotidien, nous sommes prisonniers de cet univers blanc. Heureusement, les repas du soir, préparés avec imagination par Roland, nous permettent de nous ressourcer et d'espérer des jours meilleurs.

Le temps passe, les journées se suivent et nous percevons de plus en plus l'inquiétude qui doit régner à la base de Dumont-d'Urville. Il faut absolument rompre ce silence et retrouver la génératrice à main. Après de multiples forages à l'aveugle, nous utilisons la balance de Schmidt, destinée à la mesure des variations du champ magnétique, et entreprenons à proximité des dépôts une prospection systématique. Le 23 avril 1957 au matin, nous retrouvons enfin la génératrice, enfouie sous une épaisse couche de neige. Le soir, à l'heure habituelle des liaisons radio, nous rétablissons le contact avec la base Dumont-d'Urville. René Merle, toujours à l'écoute aux heures de vacations, capte notre message : « Allô Dumont-d'Urville, ici Charcot qui vous appelle, tout va bien, nous sommes en vie. » On écoute le retour avec anxiété, un premier crépitement, puis la voix chaleureuse de René qui trahit un immense soulagement. La reprise de contact avec nos camarades de la base, la réception de quelques messages familiaux après six semaines de silence radio modifient complètement notre vision du monde. Tout nous semble plus facile à présent, mais nous réalisons toute la fragilité de notre situation.
Les liaisons radio, certes espacées dans le temps, sont assurées régulièrement à l'aide de la génératrice à main retrouvée. C'est Jacques qui parle et nous qui pédalons pour produire l'énergie électrique nécessaire. Jacques nous demande de pédaler plus énergiquement et nous, nous l'encourageons à être moins bavard. Jour après jour, le soleil se couche plus tôt et la nuit devient de plus en plus envahissante.

La température descend certains jours à – 55 °C et les travaux à l'extérieur deviennent de plus en plus pénibles. La tour météorologique, un peu raccourcie, est remise en place avec succès le 14 mai 1957. Le creusement des couloirs, et en particulier de la galerie réservée aux mesures magnétiques, est achevé vers la même époque.

Il reste à aménager ces espaces pour créer le laboratoire de glaciologie et l'observatoire magnétique et, surtout, à creuser l'abri étanche destiné à recevoir les deux groupes électrogènes et à ainsi approvisionner à nouveau la station en énergie électrique. Nous profitons des accalmies, de plus en plus rares, pour achever la mise en place des capteurs qui équipent la tour (vent, température, humidité) et des capteurs magnétiques, enfouis sous la neige à une centaine de mètres de la baraque. C'est une course permanente aux urgences, nous ne voyons pas le temps qui passe. Finalement, cette période aura été extrêmement productive ; il faut être opérationnel pour le 1er juillet 1957, c'est-à-dire pour le début de l'Année géophysique internationale.

Les liaisons radio de fin d'après-midi, malgré les efforts physiques qu'il faut fournir pour actionner la génératrice à main, et les repas pris en commun le soir sont toujours des moments de détente et de plaisir. Le 1er mai, nous fêtons la Saint-Jacques ; le 5 juin, la Saint-Claude. En tant que cuisinier attitré, Roland déploie une réelle imagination pour confectionner quelques plats sortant de l'ordinaire. Ces soirées festives s'achèvent invariablement par l'ouverture d'une des rares bouteilles d'alcool, rhum ou cognac, sauvées miraculeusement lors de la montée vers la station Charcot, puis par la traditionnelle partie de cartes, toujours très acharnée, à la lueur blafarde d'une lampe à pétrole fonctionnant avec le mélange pétrole-mazout mis au point par Claude. Vers la fin du mois de juin, après bien des efforts, des souffrances et des gelures, nous avons réussi à mettre en place l'essentiel de notre matériel scientifique et, comble de satisfaction, à recharger nos batteries pour réaliser nos premières mesures et premiers enregistrements. Un parfum de bonheur souffle dans la baraque.

À gauche : Claude Lorius effectue son inspection matinale.
Ci-dessous à gauche : Jacques Dubois exploite ses observations météorologiques.
À droite : Roland Schlich effectue des mesures du champ magnétique terrestre.

La mid-winter (juin 1957)

Le 21 juin, le soleil est au plus bas sous l'horizon ; en l'absence de blizzard, on devine une légère lueur au moment de son passage à l'apogée. C'est la « mid-winter » pour tous les hivernants de l'Antarctique, le Noël de ce monde de glace. Depuis plusieurs jours, nous sommes pris d'une véritable frénésie de rangement et de nettoyage ; le matériel stocké pêle-mêle dans la baraque est rangé dans des niches creusées dans la glace, les vivres dispersés à l'extérieur sont inventoriés et stockés pour partie dans les couloirs. À la veille de la mid-winter, la station est rangée, quelque peu nettoyée et, du coup, elle paraît bien plus spacieuse. Pour la première fois, chacun tente de faire un brin de toilette et sort de ses réserves quelques vêtements propres jalousement conservés. Tôt le matin, Roland entreprend les préparatifs du festin ; après huit heures de travail, d'imagination et de recherche laborieuse, le menu est prêt : punch tahitien, hors-d'œuvre variés, véritables bouchées à la reine, asperges et jambon, poulet froid-mayonnaise, biscuit chocolaté, tarte aux fruits et le « spécial Charcot » (composition confidentielle non révélée), vin hélas pitoyable (concentré en boîte métallique), café et cognac. C'est la fête, immortalisée par quelques photos prises au flash grâce à plusieurs piles de 4,5 V prélevées sur les réserves scientifiques. La soirée s'achève avec la traditionnelle partie de barbu, toujours aussi acharnée, accompagnée de la dernière bouteille de whisky et de la distribution de quelques petits paquets cadeaux venus de France. Ce sont évidemment les petits mots doux qui accompagnent ces colis qui sont les plus appréciés. Grisés de souvenirs, de rêves et d'alcool, nous nous endormirons au petit matin, conscients que nous avons franchi un cap et que demain, le soleil ascendant nous mènera vers le chemin du retour.

La mid-winter à la station Charcot.

L'Année géophysique internationale (juillet - décembre 1957)

La remise en état du groupe électrogène, installé dans une chambre ventilée et étanche creusée dans le névé, permet de recharger journellement les batteries. Les liaisons radio sont plus aisées, les discussions avec la base de Dumont-d'Urville plus riches et nous pouvons assurer le fonctionnement de nos appareils de mesure. Nous pouvons nous éclairer, lire et écouter de la musique. Jour après jour, nous améliorons notre existence.

L'aménagement de la station est pratiquement achevé et les programmes scientifiques sont tous opérationnels, juste à temps pour l'ouverture officielle de l'Année géophysique internationale, le 1er juillet 1957. Notre satisfaction est grande, nous oublions les difficultés passées et avons déjà la conviction secrète d'avoir réussi. Certes, il y a encore six mois de travail devant nous.

Dès lors, le quotidien s'organise, d'autant que les observations scientifiques imposent des obligations d'horaires que nous n'avions pas connues jusqu'alors. Notre organisation interne, avec un seul repas pris en commun, en soirée, ne sera pas modifiée. La spécialisation des tâches s'étant montrée très efficace, sera également maintenue. Claude est matinal ; dès avant le petit déjeuner, il entreprend une inspection de ses installations et effectue ses premières mesures. Roland commence par un solide petit déjeuner, puis effectue un enregistrement continu des pulsations du champ magnétique afin de caractériser l'état de la magnétosphère au voisinage du pôle.

En l'absence de chronomètres à contacts, il doit repérer chaque enregistrement à l'aide d'un contacteur manuel. Cette opération sera répétée quatre fois pendant 210 jours durant une heure ; à raison d'un repère par minute, Roland délivrera entre le 1er juillet 1957 et le 31 janvier 1958 plus de 50 000 impulsions manuelles. Il effectue également des mesures absolues du champ magnétique terrestre qui serviront à caler les variomètres et à connaître à chaque instant la valeur du champ magnétique terrestre à la station Charcot. Jacques réalise sa première observation météorologique du matin à 10 heures. Toutes les quatre heures, il mesure le vent, la température et l'humidité et observe l'état du ciel. Lorsque les conditions climatiques le permettent, il mesure également les vents en altitude à l'aide de ballons-sondes. Cette routine dans les tâches quotidiennes commence à nous peser.

Heureusement, les nombreuses séances de déneigement nous maintiennent en forme, les multiples interventions sur les groupes électrogènes nous occupent et les liaisons radio régulières avec la base nous permettent d'échapper à cet environnement fermé.

Début octobre 1957, nous profitons d'une remontée éphémère de la température pour tenter la réparation de l'éolienne. La génératrice est déboulonnée, transportée dans la baraque et entièrement démontée. Après avoir nettoyé tous les éléments, supprimé les points durs, nous fixons à nouveau la génératrice sur son bâti. Le 9 octobre, par un vent moyen de 7 m/s, l'éolienne fonctionne à nouveau. Un vrai miracle ! Pour Jacques, c'est un triomphe ; pour nous tous, c'est un supplément de confort. Sur la côte, André Lebeau vient d'être opéré avec succès de l'appendicite. Bertrand Imbert prépare un raid de ravitaillement vers la station Charcot. Un deuxième raid conduit par Maurice Grisoni établira plusieurs dépôts de carburant et de vivres sur le trajet Dumont-d'Urville-Charcot. En France, le *Norsel* quitte Le Havre le 31 octobre, avec à son bord la troisième expédition, commandée par Gaston Rouillon.

Le mois de novembre est plein de promesses : nous poursuivons nos observations, fignolons nos installations et attendons Bertrand et ses compagnons, qui progressent lentement vers le sud. C'est alors que la visite, totalement inattendue, d'un pétrel des neiges illumine notre horizon de glace. Claude observe dans le ciel le vol d'un gros oiseau tout blanc qui tourne, gracieux, autour de la station pour nous apporter un message de bonheur puis s'envole à nouveau en direction de la côte. C'est la première manifestation de vie venue de l'extérieur après dix mois d'isolement complet.

Le 21 novembre, Roland est assailli par un violent mal de dents. Le docteur, Gilbert Goy, consulté par radio, suspecte une infection, voire une avitaminose ; il propose un cocktail d'antibiotiques et un traitement des gencives à l'aide de pointes de feu et de badigeonnages au Mercurochrome. La prise de température soulève un problème délicat : en effet, nous avons abandonné ou perdu un certain nombre de colis lors de la montée vers Charcot et ne retrouvons plus les thermomètres médicaux. La seule solution proposée par Claude consiste à utiliser un thermomètre à maxima et minima gradué entre − 50 et + 40 °C. Les vitamines (granulés ou ampoules) qui devaient normalement suppléer aux carences alimentaires demeurent également introuvables.

Roland est très mal et restera affaibli pendant plusieurs semaines.
Le 27 novembre, Claude aperçoit au loin deux points rouges : ce sont Bertrand Imbert et ses compagnons qui arrivent à Charcot. Ils apportent des vivres et en particulier de la viande fraîche. Ils poursuivent leur route vers le sud pour atteindre B57 par 70° 40' S et 139° 22' E, à 100 miles au-delà de la station. Ils sont de retour à la station Charcot le 25 décembre, nous passons le réveillon de Noël ensemble. Dès le lendemain matin, nous entreprenons le programme de sismique qui doit nous permettre de déterminer l'épaisseur de la couche de glace sous la station Charcot. Nous réalisons plusieurs profils de sismique réfraction et déterminons ainsi les vitesses de propagation des ondes sismiques dans les couches de glace sous-jacentes. À partir de ce profil vertical de vitesses, on calcule directement l'épaisseur de la couche de glace en utilisant les données de la sismique réflexion – c'est-à-dire les temps de parcours des ondes sismiques entre la surface et la réflexion sur le socle rocheux. Ainsi, on détermine à l'aplomb de la station, située à 2 400 m d'altitude, une épaisseur de glace de 2 800 m.

La relève et le retour (janvier - février 1958)

Le 1er janvier 1958, Bertrand quitte Charcot en direction de Relais pour effectuer une dernière rotation logistique alors que Maurice Grisoni vient d'atteindre la station Charcot pour déposer du carburant et des vivres destinés à l'équipe de relève. Quelques jours plus tard, nous apprenons que le *Norsel* vient de jeter l'ancre devant l'île des Pétrels. Le 16 janvier, nous sommes à nouveau seuls alors que Maurice Grisoni a atteint Carrefour pour convoyer l'équipe de relève, René Garcia, Henri Larzillière et Guy Ricou, jusqu'à Charcot.
Depuis quelques semaines, nous évoquons sans cesse le proche retour en France. Nous faisons d'innombrables projets et consultons toutes les cartes emportées dans nos bagages. Nous sommes pris entre l'envie de découvrir des pays inconnus et le désir de retrouver des êtres aimés. En fait, la proximité du retour nous laisse peu de temps pour rêver : il faut boucler le programme, faire les dernières expériences et, surtout, mettre à jour nos cahiers de notes. Nous suivons par radio la progression de l'équipe de relève, partie le 16 janvier de Carrefour ; Maurice Grisoni avance d'abord très rapidement pour se trouver bloqué pendant sept jours à quelques miles d'Inter. Nous sommes déjà le 25 janvier et nous savons que le *Norsel* devra quitter la terre Adélie au plus tard le 12 février 1958 sous peine de se trouver bloqué dans le pack. Nous sommes sur le pied de guerre, prêts à partir ; nos sacs sont bouclés et nous attendons. Le 30 janvier, nous repérons à l'horizon le convoi avec l'équipe de relève. L'accueil des nouveaux venus est extrêmement chaleureux.
Rapidement, nous faisons le tour des installations. René Garcia accompagne Jacques pour découvrir les particularités de la station météorologique ; Guy Ricou suit Claude pour une inspection détaillée des différents appareils installés autour de la base et sur la tour ; enfin, Henri Larzillière s'initie aux techniques particulières de mesure du champ magnétique terrestre au voisinage du pôle magnétique. Tous trois découvrent, parfois avec un œil critique, les innombrables astuces mises au point par les uns et les autres pour mener à bien nos programmes ; bien entendu, ils imaginent déjà les améliorations à apporter. Comme nous il y a plus d'un an, ils sont impatients de prendre en main la station et de nous voir quitter les lieux.
Nous quittons la station Charcot le 31 janvier 1958 pour faire route vers la côte, Maurice Grisoni et ses deux compagnons en tête, Jacques, Claude et Roland dans le deuxième Weasel. Peu à peu, la station, avec ses cheminées, sa tour et ses mâts radio, disparaît à l'horizon. Nous sommes silencieux et envahis par un sentiment de profonde tristesse ; nous vivons une véritable rupture.
La descente vers la côte se déroule dans d'excellentes conditions ; il fait beau, il faut en profiter. On se relaye à la conduite tous les 20 km ; les arrêts pour remplir les réservoirs et manger un brin sont toujours réduits au minimum. Finalement, nous atteignons B1 le 3 février vers 10 heures du matin.
L'hélicoptère étant hors d'usage suite à un accident survenu au-dessus du glacier, nous traversons la zone de crevasses avec les véhicules chenillés. Le ciel est lumineux, le soleil brille, l'eau ruisselle sur le glacier,

nous sommes en bras de chemise et notre progression est lente et délicate. Après dix heures d'efforts pour éviter tous les pièges du glacier, nous parvenons à la côte et sommes accueillis par Bertrand Imbert et ses compagnons. La relève est à pied d'œuvre et nous plongeons brutalement dans ce monde qui nous était devenu étranger. Les contrastes sont partout, les couleurs se substituent au blanc uniforme, les reliefs remplacent l'immense platitude, les bruits recouvrent le silence du vent et des odeurs oubliées nous envahissent progressivement. Ce choc difficile à imaginer restera longtemps vivant dans notre corps et dans notre esprit tandis que la réadaptation à la vie normale prendra beaucoup de temps et demandera bien des évasions...

L'adieu à la station Charcot.

Les pôles vus de l'espace

Jacques Blamont

De Weyprecht à Berkner et Chapman : des initiateurs visionnaires

En 1874, le capitaine autrichien Karl Weyprecht revint de l'expédition polaire au cours de laquelle il avait découvert l'archipel François-Joseph persuadé que des observations poursuivies durant des mois et même des années, et non des incursions brèves comme la sienne, permettraient de faire avancer la connaissance des régions arctiques. Dans les années suivantes, il présenta devant de nombreuses sociétés savantes ses *Principes de la recherche arctique*, qui reposaient sur l'établissement de postes d'observation prolongée pendant au moins un an dans le cadre d'une coopération internationale. Grâce à ses efforts, des délégués venus d'Autriche, du Danemark, de France, d'Allemagne, des Pays-Bas, de Norvège, de Russie et de Suède se réunirent à Hambourg en 1879 pour la première conférence polaire internationale et décidèrent l'organisation d'une Année polaire internationale pendant laquelle, entre le 1er août 1882 et le 1er septembre 1883, quarante-huit stations, dont quatorze à l'intérieur du cercle arctique et trente-quatre à l'extérieur, recueilleraient des données météorologiques et magnétiques. Le programme fut rempli et de nombreuses mesures furent obtenues et publiées, sans beaucoup d'esprit de synthèse il est vrai. De 1902 à 1903, une opération similaire fut tentée dans l'Antarctique, sur une échelle plus modeste : quatre expéditions furent envoyées, avec un calendrier coordonné d'observations météorologiques.

À l'initiative de Johannes Georgi, de l'Institut maritime de Hambourg, une seconde Année polaire internationale fut organisée du 1er août 1932 au 31 août 1933. Quarante-neuf nations participèrent, à raison de deux jours par mois, à des mesures synchronisées, là encore météorologiques et magnétiques. La recherche ne fut pas confinée aux régions polaires mais, puisque l'affaire était présentée comme le jubilé de la précédente, l'adjectif « polaire » fut conservé. Là encore, de nombreux résultats couronnèrent les efforts des observateurs, bien qu'à nouveau, l'évaluation des matériaux recueillis n'ait pas été menée jusqu'à ses conclusions en raison du cloisonnement des diverses spécialités, et aussi peut-être parce que des faits nouveaux étaient découverts plus vite que les théoriciens ne pouvaient les digérer. Vingt ans après la deuxième Année polaire, alors que la guerre avait extraordinairement contribué au progrès technique avec l'introduction des radars, des avions à réaction et des V2, alors que l'accès aux pôles, d'exploit quasi impossible, se faisait désormais

Double-page précédente : aurore boréale, aux « draperies » moirées, dans le cercle Arctique.

Ci-dessous : de gauche à droite : le général Anatoly A.Blagonranov, membre du présidium de l'Académie des sciences de l'Union soviétique ; Joseph Kaplan, professeur à UCLA, président de la conférence ; Sydney Chapman, futur président du CSAGI, et Lloyd V. Berkner, concepteur de l'AGI et futur vice-président du CSAGI, examinent la maquette d'un satellite américain à l'ouverture de la conférence sur les fusées et satellites de l'AGI, le 01 octobre 1957, à Washington.

par la routine d'un vol confortable, alors que l'invention du transistor annonçait la révolution de l'instrumentation scientifique comme celle des communications, le renouvellement d'un effort international similaire à celui qui avait porté les Années polaires s'imposait.

Même si les entreprises scientifiques sont aujourd'hui exécutées par des groupes nombreux, l'idée qui les sous-tend provient le plus souvent d'individus à la vision assez étendue pour en évaluer les chances de succès. Il en alla ainsi pour l'Année géophysique internationale (AGI). Envisagée à sa naissance comme une répétition des Années polaires, elle étendit rapidement son champ d'action pour devenir la plus grande opération scientifique de tous les temps. De même que la première avait été engendrée par Weyprecht, elle naquit d'une proposition émise par Lloyd V. Berkner, un spécialiste de l'ionosphère qui avait participé aux premières mesures de son altitude par Gregory Breit et Merle Antony Tuve, lors d'une discussion au domicile de James A. Van Allen, à Silver Springs (Maryland), le 5 avril 1950.

Lloyd V. Berkner et Sydney Chapman soumirent l'idée à l'ICSU (International Council of Scientific Unions), qui, pendant l'été 1950, proposa à l'IURS (International Union Radio Scientific) et à l'IAU (International Astronomical Union), puis en 1951 à l'IUGG (International Union of Geodesy and Geophysics), d'organiser une troisième Année polaire en 1957-1958, soit vingt-cinq ans après la seconde au lieu d'attendre cinquante ans. En octobre 1951, devant l'approbation unanime, le bureau exécutif de l'ICSU forma le Comité spécial de ce qui devint l'AGI lors de l'assemblée générale de l'ICSU en octobre 1952 à Amsterdam – ce comité devint le CSAGI.

À sa première réunion à Bruxelles, en juillet 1953, Sydney Chapman en fut élu président, Lloyd V. Berkner vice-président et Marcel Nicolet secrétaire. Entre cette réunion et la suivante, tenue à Rome du 30 septembre au 4 octobre 1954, trente-six nations avaient formé des comités nationaux et envoyé des rapports au CSAGI. Le programme final fut approuvé à la troisième réunion qui se tint à Bruxelles du 8 au 4 septembre 1955. Le CSAGI comptait alors cinq personnes formant un groupe exécutif : Sydney Chapman, Lloyd V. Berkner, Marcel Nicolet, Vladimir Vladimorovitch Beloussov et Jean Coulomb. Finalement, le nombre de nations participantes atteindra cinquante-deux.

1er TIR de FUSÉES SCIENTIFIQUES SUR le CONTINENT ANTARCTIQUE TERRE ADELIE • JANVIER 1967

L'AGI était en fait une machine montée par la communauté scientifique internationale pour obtenir des crédits extraordinaires qui lui permettraient de faire avancer toutes les sciences de la Terre dans un cadre de coopération structuré par le CSAGI. L'affaire, ayant été engendrée par l'ICSU, fut confiée aux académies qui se chargèrent partout de la « vendre » aux autorités de tutelle. En plus des deux mille stations météorologiques permanentes dont certaines devaient enrichir leur programme par des observations solaires, des mesures du champ magnétique terrestre et des enregistrements du rayonnement cosmique, des bases pour le lancement de ballons et de fusées et des navires complèteraient le dispositif.

En dépit du changement de nom, les régions polaires représentaient une priorité de l'AGI. Au pôle Sud, deux stations permanentes furent créées, l'une par les États-Unis, l'autre par l'Union soviétique. L'Argentine, l'Australie, la Belgique, le Chili, les États-Unis, la France, le Japon, la Nouvelle-Zélande, la Norvège, le Royaume-Uni, l'URSS et l'Union sud-africaine y organisèrent des expéditions ou des séjours permanents de chercheurs, au nombre de six mille. Des observations y furent conduites sur vingt et une stations dans le domaine de la météorologie, du géomagnétisme, de la luminescence du ciel nocturne et des aurores, de la physique ionosphérique, de la glaciologie, des rayons cosmiques, de l'océanographie, de la sismologie et de la gravimétrie.

Si l'AGI innovait par la quantité de disciplines en jeu, le nombre de scientifiques impliqués, les moyens mis en œuvre et les crédits engagés un peu partout dans le monde mais surtout dans l'Arctique et l'Antarctique, la révolution vint d'ailleurs.

Des missiles aux satellites : à la conquête de l'espace

Des V2 développés par les Allemands pendant la guerre avaient été récupérés par les Américains et quarante-sept d'entre eux furent lancés au polygone de White Sands (Nouveau-Mexique) à partir de 1947 dans des buts scientifiques. Lorsque vint l'AGI, les États-Unis inclurent dans leur programme des tirs de fusées dans la zone arctique à hauteur de 15 % de leur budget AGI. L'URSS, l'Angleterre et la France les suivirent en préparant chacune quelques tirs des engins qu'ils avaient développés dans les années 1950.

À partir des V2, les deux « grands », l'URSS et les États-Unis, avaient extrapolé des missiles intercontinentaux capables de porter plusieurs tonnes de charge utile à 5 000 km et de mettre des satellites artificiels en orbite. Une proposition américaine de Fred Singer et Lloyd V. Berkner de lancer des petits satellites pour la recherche en géophysique fut appuyée le 20 septembre 1954 par l'IUGG et transmise aussitôt à la réunion du CSAGI, à Rome, qui, le 4 octobre suivant, en recommanda le lancement pendant l'AGI. La plupart des gens qui comptaient dans les sciences de l'univers étaient réunis à Rome. De cette résolution du CSAGI devait tout découler. Aux États-Unis, la National

Départ d'une fusée-sonde Dragon depuis la base de Dumont-d'Urville (terre Adélie), en janvier 1967.

Academy of Sciences et la National Science Foundation s'agitèrent d'autant plus qu'au début de l'année, l'équipe de Werner von Braun avait proposé le projet Orbiter, censé être une entreprise commune Army-Navy-Air Force et prévoyant d'utiliser pour lancer les satellites la technologie du missile Redstone développée par l'Army Ordnance à Huntsville (Texas). Le président Eisenhower refusa le projet, mais confia au Naval Research Laboratory la responsabilité de mettre au point un système non secret à développer, Vanguard. L'annonce en fut faite à la Maison-Blanche le 29 juillet 1955 par son attaché de presse James C. Hagerty. L'idée d'un satellite artificiel faisait aussi son chemin à Moscou. Le 27 novembre 1953, à une conférence de la paix à Vienne, le président de l'Académie des sciences de l'URSS Aleksandr Nikolaevitch Nesmeyanov avait annoncé la possibilité de lancer des satellites. En mai 1954, avec l'aval de l'Académie, Serguei Pavlovitch Korolev, l'ingénieur responsable du développement des missiles intercontinentaux, proposa sans succès au ministre de l'Industrie de défense l'adoption d'un programme de satellites. Il revint à la charge au printemps 1955 avec l'appui de l'Académie, désormais forte du soutien international apporté par le CSAGI. La résolution du CSAGI créa donc une dynamique des deux côtés de l'Atlantique et quasi simultanément, les deux grands annoncèrent à la fin de juillet 1955 qu'ils lanceraient des satellites pendant l'AGI, ce qui fut accompli le 4 octobre 1957 par l'Union soviétique et le 31 janvier 1958 par les États-Unis. Et c'est ainsi que la grande conquête de l'AGI, l'espace, fut offerte par les scientifiques à l'humanité ! Étrange filiation du pôle à l'espace !

L'AGI a prodigieusement accéléré le progrès de nos connaissances sur la Terre. Les résultats spectaculaires qu'elle a obtenus, avant tout la création des engins spatiaux, ont enthousiasmé les foules bien au-delà des cercles scientifiques et créé un engouement pour les sciences de l'univers qui n'a cessé de croître. Les satellites décrivant le globe, de plus en plus nombreux et performants, ont promu une vision planétaire partagée par toute la communauté scientifique, désormais très structurée. Si les États-Unis et l'Union soviétique se sont engagés les premiers sur cette voie, ils ont été rejoints assez rapidement par les Européens puis par les Japonais, devenus les uns et les autres des puissances spatiales capables de lancer des satellites très raffinés sur toutes les orbites.

Dans notre pays, parti de très bas, l'AGI a littéralement transformé la pratique des sciences de l'univers. Nos premières fusées-sondes, développées dans son cadre, et tirées, avec quelque retard, à partir de 1959, ont contribué aussitôt au progrès de la connaissance de la haute atmosphère. Les jeunes géophysiciens qui ont pu, grâce à elles, se former dans les sables du Sahara ont rejoint ceux qui avaient hiverné à Dumont-d'Urville pour constituer une phalange qui s'est brillamment insérée dans le mouvement international grâce aux véhicules créés dans le sillage de l'AGI – satellites, fusées et ballons – par la nouvelle agence spatiale, le Cnes (le Centre national d'études spatiales), et à sa méthode moderne d'irrigation des laboratoires spécialisés restés indépendants mais maintenus au niveau mondial par ses crédits libéralement distribués. La France tient désormais une place plus qu'honorable dans la communauté scientifique internationale.

Les chercheurs de tous les pays, unis et organisés, soutenus par une opinion publique avertie de l'importance de leurs travaux, peuvent faire aujourd'hui appel à des moyens très puissants, au premier rang desquels se placent les satellites qui, s'ils sont financés en général dans un cadre national, participent à de grands programmes internationaux.

Non seulement ces derniers ont permis des applications immédiates, comme en météorologie, maintenant capable de prévisions sûres à plusieurs jours, mais ils ont mis en évidence les évolutions inquiétantes de notre environnement et offrent des méthodes chaque jour perfectionnées de les surveiller quantitativement.

L'observation à partir de l'espace dispose d'une grande variété de techniques et d'un point de vue privilégié pour l'étude des zones polaires, survolées près de quinze fois par jour par chaque satellite défilant en orbite basse faiblement inclinée par rapport à l'axe des pôles (orbites dites « polaires »).

Avec les années, le progrès des techniques a permis de passer de l'utilisation de capteurs passifs, fournissant des images dans le visible ou l'infrarouge, à l'emploi de radiomètres mesurant l'énergie émise par la surface du sol dans le domaine des micro-ondes. Dans le spectre visible, les images acquises par satellite ont en général une bonne résolution spatiale, mais les observations sont limitées par l'éclairement solaire, la nébulosité et les corrections atmosphériques. Dans le domaine des micro-ondes, en revanche, aux longueurs d'onde centimétriques, la résolution est limitée par la taille des antennes, mais on dispose d'observations « tous temps », à travers les nuages, jour et nuit, toute l'année, avec peu d'effets atmosphériques. Les avantages de l'observation en micro-ondes des zones polaires sont tels que la plupart des satellites scientifiques actuels sont équipés de capteurs de ce type.

De nouveaux progrès ont permis d'accroître la masse de la charge utile et la puissance disponible à bord des satellites, ouvrant la voie aux capteurs actifs (altimètres, diffusiomètres et radars à synthèse d'ouverture), capables d'illuminer leur cible et d'obtenir une variété d'informations sur ses caractéristiques – relief, rugosité, déplacement vertical ou horizontal, etc. Enfin, la détermination fine du champ de gravité et de ses variations temporelles depuis l'espace a récemment permis le suivi du bilan de masse des calottes polaires.

Voici quelques importants résultats obtenus grâce à des observations satellitaires.

Nous les présentons brièvement, la plupart étant au cœur des autres chapitres de l'ouvrage (notamment de ceux de Valérie Masson-Delmotte et Sylvie Joussaume et de Jean-Claude Gascard).

Magnétisme terrestre

Dans le domaine de l'interaction entre le champ magnétique terrestre et les émissions corpusculaires du Soleil, les satellites de l'AGI ont apporté une véritable révolution par la découverte des zones de rayonnement dites « de Van Allen » et créé ainsi un vaste domaine de recherches, la physique des plasmas interplanétaires (un plasma est un ensemble neutre de particules chargées, protons et électrons, de très faible densité). Bientôt sera découvert le vent solaire, un flux de plasma s'échappant de la couronne à une vitesse de l'ordre de 400 à 700 km/s, mesuré par les sondes *Luna 1* et *2*, *Mariner 2*, *Explorer 10*, *Pioneer 11*, *Hélios 1* et *2*, bref par de très nombreuses missions interplanétaires qui en démontreront la variabilité dans le cadre du cycle solaire de onze ans. D'autres satellites décriront l'arrivée de ce plasma sur l'obstacle quasi infranchissable que lui oppose le champ magnétique terrestre, confiné dans une vaste zone appelée dorénavant « magnétosphère », et la morphologie de la frontière complexe qui sépare celle-ci de la zone où domine le vent solaire. Des particules chargées parviennent à pénétrer dans la magnétosphère où elles forment des systèmes de courants. Des processus compliqués en accélèrent certaines qui sont alors précipitées dans les régions polaires où elles peuvent exciter atomes et molécules pour causer des aurores. Beaucoup de progrès ont été accomplis qui permettent une explication fine de ce phénomène. Notons en particulier la première mesure du champ électrique des lignes de champ magnétique dans la zone aurorale par des fusées Dragon du Cnes, lancées en 1967 de Norvège. Elle conduisit à la découverte ultérieure de la région où se produit l'accélération. Ainsi parvint-on à une compréhension du phénomène auroral, replacé à l'intérieur de la physique de la magnétosphère. En fait, c'est toute la magnétosphère qui a été décrite par les sondes spatiales, au premier rang desquelles se placent les satellites *Cluster* de l'Agence spatiale européenne (Esa).
L'intérêt présenté par la physique des plasmas spatiaux dépasse largement la description de l'environnement terrestre puisque de tels milieux ont été découverts non seulement autour des planètes où des aurores ont été observées mais aussi autour des étoiles, en particulier des naines blanches et des étoiles à neutrons. Les phénomènes observés dans notre magnétosphère, tels que la formation de frontières magnétiques, la reconnexion des lignes de force, les ondes de choc, l'accélération des particules, la diffusion des ions, la génération de rayonnement électromagnétique, se retrouvent dans des régions cosmiques très éloignées. Ainsi la recherche polaire, renouvelée par l'espace, a-t-elle conduit à l'élaboration de modèles utilisés pour décrire les processus suprathermiques découverts depuis cinquante ans dans tout l'univers.

Arc auroral entourant le continent antarctique.

Vue de la couche d'ozone prise en janvier 1996 par le satellite *ERS-2* de l'Agence spatiale européenne pour le projet Gome de surveillance de la couche d'ozone. La tache noire représente la région de faible concentration en ozone ; le treillis jaune, la trace des orbites successives – la zone de mesure correspondant à chacune d'entre elles.

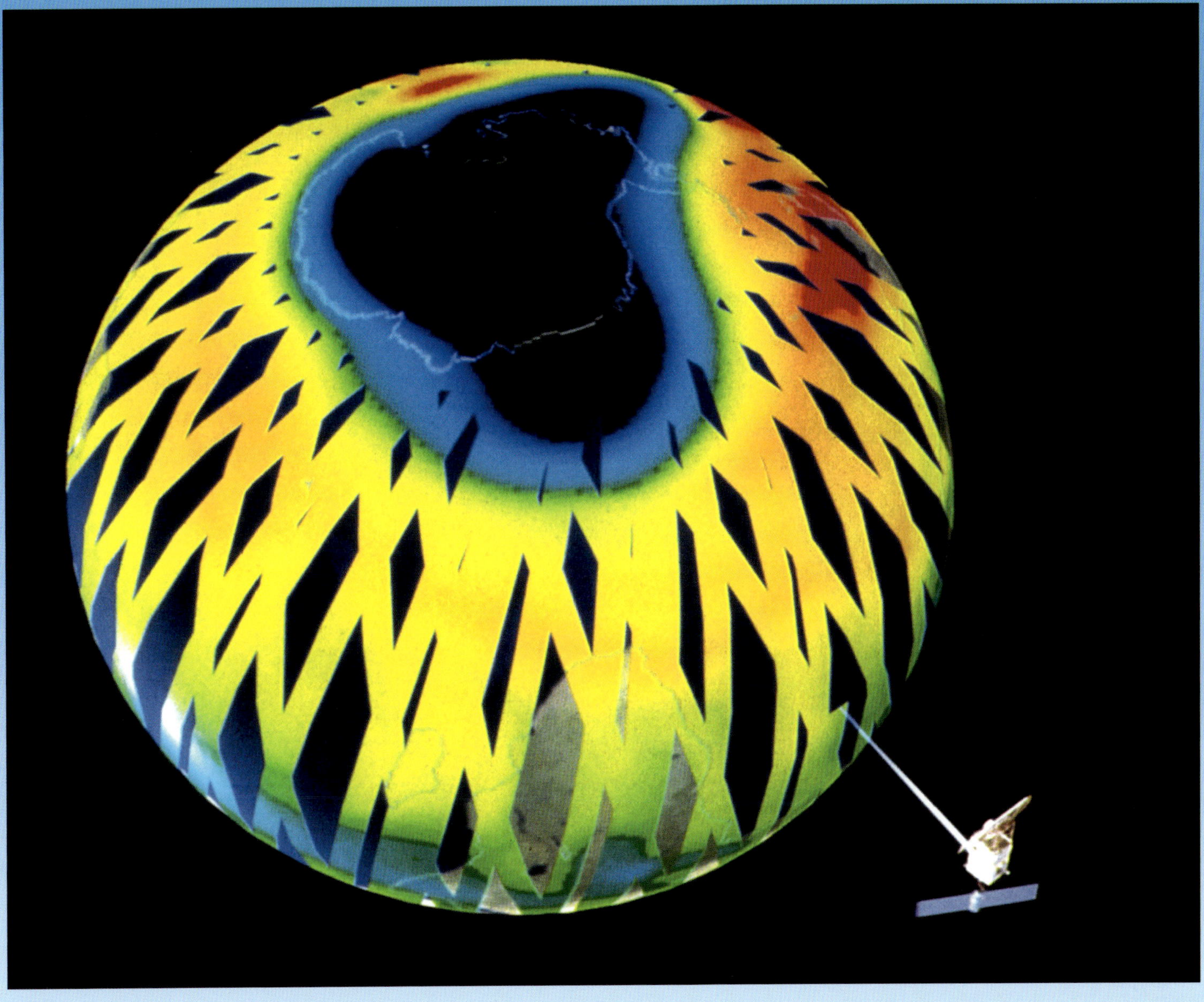

L'ozone stratosphérique

Dès la fin des années 1960, les effets nocifs possibles de l'activité humaine sur la stabilité de l'ozone stratosphérique avaient été évoqués par la communauté scientifique et des programmes de recherche entrepris. Si la complexité du problème avait été entrevue et les principaux processus identifiés, personne n'avait imaginé le phénomène découvert en 1985 par le British Antarctic Survey, à savoir la forte diminution de l'épaisseur totale de l'ozone de la stratosphère en septembre et octobre au-dessus du continent Antarctique : elle atteignait 50 % par rapport aux valeurs mesurées avant 1979. Des observations en ballon et en avion ER2 (nouvelle version des fameux U2) permirent de comprendre le mécanisme dès 1988 (je laisse à Susan Solomon et Marie-Lise Chanin le soin de vous l'expliquer en détail dans leur chapitre « La destruction de l'ozone : d'un pôle à l'autre »). Dans la foulée, le coupable fut identifié, à savoir les composés dits « chlorofluorocarbures », largement utilisés dans l'industrie des réfrigérateurs et celle des bombes à aérosols avant que le protocole de Montréal, signé en 1987 puis amplifié à la conférence de Londres en 1990, en interdise la fabrication et l'emploi.
La recherche dans le domaine de l'ozone stratosphérique repose sur la mesure continue en tous les points du globe de la quantité totale d'ozone et de sa distribution verticale. L'AGI avait mis en place un réseau de près de cent stations mesurant la quantité intégrée par la méthode dite « de Dobson » – d'après le nom de son promoteur –, qui consiste à mesurer l'absorption de la lumière solaire par l'atmosphère. En fait, une trentaine de stations seulement fournirent des valeurs, entre les latitudes 30° et 64° de l'hémisphère Nord, valeurs souvent de qualité douteuse. La situation ne s'améliora qu'avec la mise sur orbite quasi polaire en 1978 par la Nasa de *Nimbus 7*, qui portait deux instruments dévolus à l'ozone. Ces instruments ne découvrirent pas le trou d'ozone. Ou, plus exactement, ils le virent mais les responsables l'attribuèrent à un problème d'interprétation lorsque le soleil est bas sur l'horizon. Ils réexaminèrent leurs données après 1985 – non sans se tromper encore – et il leur fallut une nouvelle version des instruments pour obtenir après 1991 de bonnes mesures.
Après 1985, la communauté scientifique se mobilisa. L'OMM (Organisation météorologique mondiale) soutint la création d'un puissant réseau d'observations au sol, appelé d'abord « NDSC » (Network for Detection of Stratospheric Change) puis « NDACC » (Network for Detection of Atmospheric Chemical Changes), qui démarra en 1991. Il est constitué d'un groupe de stations primaires dans chaque bande de latitudes (polaires, moyennes et tropicales) des deux hémisphères qui utilisent des instruments divers dont le plus répandu est le SAOZ (Système d'analyse par observation zénithale) du Service d'aéronomie du CNRS, un spectromètre observant le spectre de la lumière diffusée par le ciel zénithal qui équipe plus de vingt stations et détecte ozone, constituants mineurs et nuages de haute altitude. Le dispositif international de surveillance a été complété par une série de campagnes de ballons stratosphériques lancés de Kiruna (Laponie suédoise) de 1991 à 2000 afin de comparer entre eux les différents instruments. Un de ses résultats a été la mise en évidence du trou d'ozone arctique, qui ne ressemble pas à son homologue de l'hémisphère Sud (voir page 162). De nombreux satellites ont emporté des instruments dévolus à l'étude de l'ozone stratosphérique.
Les mesures faites au sol et en ballon sont indispensables à l'interprétation des données satellites, car la mesure de la composition chimique à partir d'orbite est intrinsèquement peu précise et sujette à dérives alors que le suivi régulier de l'évolution est indispensable. Les satellites offrent cependant l'avantage essentiel de fournir une couverture complète dans le temps et l'espace – pourvu que les instruments soient constamment recalibrés.

Météorologie

Dès le début de l'ère spatiale, on songea à utiliser des satellites pour décrire la Terre d'un nouveau point de vue, le point de vue global. Le mouvement des masses d'air est en effet si rapide que pour prévoir le temps qu'il fera en un site donné, il est nécessaire de connaître l'état de l'atmosphère en des lieux très éloignés – en fait, sur toute la Terre – et continuellement. Si la première tentative pour recueillir des informations météorologiques, avec le satellite américain *Vanguard 2* mis sur orbite le 19 février 1959, ne fonctionna pas, des images utilisables furent obtenues avec *Explorer 6*, lancé le 7 août 1959. Peu de temps après, dès 1960, la série des *Tiros*, ancêtres de tous les satellites météorologiques en orbite basse, a permis de passer de quelques images qualitatives à une observation globale qui fournit la couverture nuageuse, la température superficielle des océans et les profils de température et d'humidité de la troposphère.

Le programme américain *ATS* (Application Technology Satellites), dont le premier satellite fut lancé en 1966, permit d'explorer le potentiel de l'orbite géostationnaire où le satellite, placé à l'altitude de 36 000 km, reste au-dessus d'un point situé à l'équateur. Le programme culmina avec *ATS 6*, lancé en 1974, premier à porter une caméra destinée à des observations météorologiques à partir de cette orbite. Son succès en a fait l'ancêtre des systèmes internationaux devenus universels dont une combinaison de cinq couvre complètement la Terre aussi bien de jour que de nuit (à l'exception des régions polaires). Contribuent aujourd'hui à la veille météorologique mondiale deux *GOES* américains, deux *Météosat* européens, un *Insat* indien, un *GMS* japonais et un *GOMS* russe. Le tout est coordonné par l'OMM.

Le système global d'observation destiné à la prévision opérationnelle a acquis un statut stable.

La situation de la climatologie est différente parce que cette discipline est une affaire de recherche à long terme, sans obligations opérationnelles comme la météorologie. Elle exige une diversité de données qui dépasse ce que fournissent les observations météorologiques, limitées au court terme, et se nourrit donc d'une série de programmes à finalité scientifique.

Ouragan *Florence* pris par la navette *Atlantis*.

L'Arctique, signal d'alarme du changement climatique

L'observation systématique des températures de surface et, en particulier, au cours de l'année 2005 (année exceptionnellement chaude, en raison de l'occurrence d'un événement El Niño dont l'effet global, de l'ordre de 0,2 °C, s'est ajouté à la tendance générale), a fait ressortir l'amplitude du réchauffement des régions arctiques, qui dépasse 2,5 °C (à comparer avec une hausse de la température moyenne globale de 0,6 °C par rapport à la moyenne des années 1959-1980).

Un des trois satellites *Metop* de l'ESA formant le segment spatial du système polaire EUMETSAT (European Organisation for the Exploitation of Meteorological Satellites).

Bilan de masse des calottes polaires

Le bilan est défini comme la résultante des gains de masse par accumulation et des pertes par dislocation et par fonte :

• accumulation : accessible par la mesure de la variation temporelle verticale de la surface en chaque point, elle fait intervenir plusieurs termes : apport des précipitations neigeuses, évaporation, tassement, redistribution par le vent, écoulement, etc. L'exploitation d'images radar acquises à des instants différents permet de cartographier la vitesse horizontale de la surface avec une grande précision. Ces données, combinées à des mesures d'altitude, ont aussi permis d'estimer à l'échelle globale cette vitesse et ont ainsi révolutionné la compréhension des échelles de temps et d'espace des calottes en montrant que la plupart de l'écoulement s'effectue par quelques grands fleuves de glace. Les altimètres des satellites de l'Esa ont mis en évidence une variation d'altitude de la calotte du Groenland de 5 cm/an en moyenne de 1992 à 2003. Cette moyenne masque un comportement différent selon l'altitude, avec une accumulation nette au-dessus de 1 500 m et une perte au-dessous de ce niveau : ainsi apparaît la complexité des échanges mer-glace-atmosphère dans cette région ;

• dislocation des banquises : la perte de masse par ce processus est illustrée par les images acquises par les radars de l'Esa, qui ont par exemple cartographié sur plus d'une décennie la dislocation de la plate-forme Larsen, en Antarctique ;

• la fonte estivale du Groenland a de même été détectée par les satellites *ERS 1* et *ERS 2* depuis 1992. La modification de la réflectivité de la surface mesurée en routine par les capteurs micro-ondes passifs et actifs permet de dater le début et la fin de la période de fonte, qui s'est allongée sur tout le pourtour du Groenland avec des valeurs extrêmes en 1998 (plus de 50 jours au nord, plus de 120 au sud). Le lancement attendu en 2009 de *CryoSat 2* (après l'échec du tir de *CryoSat 1* en octobre 2005), un satellite de l'Esa équipé d'un radar altimètre spécialement conçu à cette fin, devrait permettre de quantifier précisément le bilan de masse des calottes polaires, notamment celui du Groenland, et de préciser leur contribution à l'élévation du niveau de la mer.

Élévation du niveau des mers

La mesure pendant les années 1991 à 2006 de l'élévation du niveau de la mer par six satellites altimétriques, dont les franco-américains *Topex* et *Jason*, fournit une estimation concordante de l'ordre de 3,2 mm/an, un rythme accéléré par rapport à la hausse totale de 10 à 20 cm relevée au cours du xxe siècle. Cette élévation est attribuée pour moitié au réchauffement de la surface, qui dilate les eaux, pour 20 % à la fonte des glaces polaires et pour 30 % à la fonte des glaciers et à la modification des réseaux hydrologiques. Les images acquises année après année par les satellites de la famille *Spot* ont apporté une illustration visuelle convaincante du retrait des glaciers continentaux à toutes les latitudes, et notamment aux hautes latitudes boréales, comme en Islande.

Observation des glaces de mer

Les premières mesures spatiales des glaces de mer remontent à 1979, avec les radiomètres micro-ondes américains. Des capteurs américains récents, qui équipent les satellites *EOS* ou les satellites météorologiques militaires *DMSP*, fournissent plusieurs fois par jour des images des régions polaires dont on déduit un indice de concentration de la glace de mer.
Cette longue durée des observations illustre la réponse de la glace de mer au réchauffement accéléré des régions arctiques. En été, exposée à l'élévation de température, la surface de banquise se réduit par la fonte, ce qui libère une surface d'eau qui absorbe quatre à cinq fois plus de rayonnement solaire que la même surface couverte de glace, induisant un réchauffement local accru et donc une fonte accrue.
L'amplification polaire du réchauffement climatique est particulièrement marquée au cours des années 2005 et 2006 qui font apparaître en fin d'été boréal un minimum inférieur de plus de un million de kilomètres carrés par rapport à la moyenne des années 1979-2000, soit une perte de surface englacée de l'ordre de 8 % par décennie.

Techniques nouvelles

La possibilité de détecter des poches d'eau sous la glace a été récemment mise en évidence à partir d'observations par radar altimètre de la surface des calottes. Au centre des calottes, on découvre des lacs sous-glaciaires au-dessous de zones particulièrement plates. À la côte, la fonte de la glace sous les glaciers engendre à leur base un lubrifiant qui accélère leur glissement vers la mer et le radar permet de décrire ce phénomène ?
On attend beaucoup de la mesure gravimétrique permise par les satellites américano-allemands *Grace* et bientôt le satellite européen *Goce*, qui permettront de mesurer les variations temporelles fines du champ de gravité de la Terre. Ces fluctuations peuvent fournir une information sur les mouvements de masse à la surface de la Terre (circulation atmosphérique, cycle de l'eau continentale, courants océaniques) et en particulier sur la variation du bilan de masse des calottes polaires. Analysées sur une période de trois ans, de 2002 à 2005, les mesures de *Grace* confirment la diminution du volume d'eau stocké par le Groenland, une tendance lente à la baisse du volume d'eau dans l'Antarctique de l'Ouest, opposée à une hausse à l'est.

Des processus explosifs appellés « sous-orages magnétosphériques » se produisent à grande distance de la Terre, dans la queue magnétique qui se forme lors de l'interaction entre le vent solaire et le champ magnétique terrestre ; ils sont notamment à l'origine des aurores boréales et australes.

Conclusion

L'évolution des climats est due à l'interaction entre l'atmosphère, l'océan et les glaces polaires, dont le couplage extrêmement complexe ne s'explique pas par des schémas simples. Voyez ainsi le Groenland où la fonte des glaces périphériques produit de fortes accumulations neigeuses au centre. Devant les prévisions cataclysmiques, il faut raison garder, c'est-à-dire multiplier les observations dans la tradition des Années polaires et consacrer les moyens nécessaires à leur analyse et à leur compréhension scientifique. Au centre de cet effort, l'emploi des satellites pour une surveillance continue et détaillée des zones polaires apporte une somme d'informations unique et irremplaçable, nécessaire à une évaluation quantitative de la contribution de ces zones au cycle de l'eau dont dépend l'avenir de l'humanité. L'Année polaire internationale offre l'occasion de peser en faveur de la pérennisation de la présence scientifique aux pôles, les cinquante années ayant suivi l'AGI ayant démontré l'intérêt universel de la recherche menée dans les régions arctiques et antarctiques, bien au-delà de leurs limites géographiques.

Les premiers instruments météorologiques

Jean-Pierre Javelle

Florin Périer mesurant la hauteur du tube de Torricelli au sommet du puy de Dôme au cours de l'expérience organisée par Pascal le 19 septembre 1648.

Les premiers instruments météorologiques remontent à plus de deux mille ans. Ainsi, le plus simple d'entre eux, le pluviomètre, était employé en Inde il y a deux mille cinq cents ans et, au pied de l'Acropole d'Athènes, la tour des Vents, construite au Ier ou au IIe siècle avant notre ère, était surmontée d'une girouette.

Mais la météorologie scientifique est née beaucoup plus tard, au XVIIe siècle, avec l'invention du baromètre, du thermomètre, de l'hygromètre et de l'anémomètre, qui mesurent les grandeurs physiques fondamentales de l'atmosphère : température, pression, humidité et vitesse du vent. Parmi les acteurs de cette histoire, on retrouve de prestigieux savants de l'époque, comme Galilée et Blaise Pascal.

Au début du XVIIe siècle, le baromètre soulève les passions car les explications de son fonctionnement conduisent à démontrer la pesanteur de l'air et l'existence du vide, remettant en cause les conceptions scientifiques, philosophiques et religieuses alors en vigueur. Tout part d'un problème technique, la constatation que les pompes aspirantes ne peuvent élever l'eau des fontaines au-delà d'une dizaine de mètres. Galilée mène des expériences sans parvenir à élucider ce mystère. En 1643 ou 1644, un de ses disciples, Evangelista Torricelli, a l'idée d'une expérience dans laquelle l'eau est remplacée par le mercure, beaucoup plus dense. Après avoir rempli de mercure un tube de verre long d'environ 1 m, il le retourne au-dessus d'une cuvette contenant aussi du mercure. Il constate alors que le niveau du mercure s'abaisse dans le tube, laissant un espace vide au-dessus de lui. Torricelli, qui a ainsi inventé le baromètre, explique ce résultat par l'équilibre entre le poids de la colonne de mercure et celui de la colonne d'air au-dessus de la cuvette. À partir de 1647, Pascal réalise plusieurs expériences pour démontrer que l'espace situé au sommet du tube de Torricelli est bien vide et, en 1648, il confirme l'existence de la pression atmosphérique en vérifiant que la hauteur atteinte par la colonne de mercure est plus faible au sommet du puy de Dôme qu'à son pied. Pascal est aussi l'inventeur du baromètre à siphon, plus maniable que le tube de Torricelli. En 1843, Lucien Vidie construit le premier baromètre portable, le baromètre anéroïde, dont le principe repose sur la déformation d'une membrane métallique dont une face est en contact avec le vide.

Les premiers instruments gradués sensibles à la température sont des thermomètres à air dont le fonctionnement repose sur les variations de volume d'une quantité d'air suivant les changements de température. Ils sont probablement inventés vers 1608 par Santorio, médecin à Padoue et élève de Galilée. Mais les thermomètres à air présentent le défaut d'être sensibles à la pression atmosphérique. Vers 1650, à Florence, sont construits les premiers thermomètres à tube scellé contenant un liquide, mélange d'eau et d'alcool, dont on observe la dilatation selon la température. Durant tout le XVIIIe siècle, physiciens et fabricants s'efforcent d'améliorer la fidélité et la précision des thermomètres. Le mercure s'impose en tant que liquide thermométrique et un grand nombre d'échelles thermométriques sont proposées mais ce n'est qu'au XIXe siècle que les physiciens parviennent à définir rigoureusement les notions de température et de chaleur. En Angleterre, vers 1840, on adopte la pratique de la mesure de la température de l'air sous abri, en protégeant le thermomètre de la pluie et des rayons du soleil dans un abri qui laisse l'air circuler.

La nature de la vapeur d'eau a fait l'objet de nombreuses polémiques entre savants, jusqu'à ce que l'on comprenne, au début du XIXe siècle, que l'air est un mélange de plusieurs gaz, dont la vapeur d'eau. Mais l'histoire de l'hygromètre débute bien plus tôt : en 1450, Nicolas de Cues observe que le poids de la laine augmente quand l'air est humide et diminue quand l'air est sec et, à partir du XVIIe siècle, toutes sortes de substances végétales ou animales sont utilisées pour construire des hygromètres. En 1775, Horace Bénédict de Saussure a l'idée d'employer le cheveu et, en 1781, il met au point un hygromètre pratique et solide constitué d'une aiguille qui se déplace devant un cadran gradué suivant les variations de longueur d'un cheveu.

Pour la mesure du vent, on connaît depuis le XVIIe siècle les anémomètres à rotation, dans lesquels la vitesse du vent est déduite de la vitesse de rotation d'un moulinet ou d'une hélice. Mais les variations de la vitesse et de la direction du vent rendent peu représentative l'observation à un instant donné. Afin de disposer d'observations sur vingt-quatre heures, Louis Léon Pajot d'Ons-en-Bray construit en 1734 un anémomètre enregistreur. Au XIXe siècle, la plupart des instruments météorologiques sont dotés de dispositifs d'enregistrement sur bande de papier et, à partir des années 1880, des industriels, comme Jules Richard, parviennent à produire en série des instruments enregistreurs robustes et relativement peu coûteux.

L'exploration verticale de l'atmosphère devient possible à partir de la fin du XVIIIe siècle avec les ballons à air chaud des frères Joseph et Étienne de Montgolfier. La première ascension scientifique a lieu en août 1804 et Jean-Baptiste Biot et Louis Joseph Gay-Lussac mesurent la température et la composition chimique de l'atmosphère jusqu'à près de 4 000 m d'altitude. Mais les vols à haute altitude sont trop dangereux pour permettre une exploration verticale systématique. En 1892, Gustave Hermite invente le ballon-sonde muni d'appareils enregistreurs qui permettent de s'affranchir de la présence d'aéronautes. Le point faible réside dans la récupération des instruments tombés au sol, qui peut prendre plusieurs jours. En 1929, l'invention de la radiosonde par Robert Bureau donne enfin le moyen de connaître en direct l'état de l'atmosphère en altitude grâce à la transmission par radio des mesures de température et de pression. Durant la Seconde Guerre mondiale, les mili-

Thermomètre à mercure construit par Cappy et Mossy, fin du XVIIIe siècle. Il comporte une double graduation en degrés Fahrenheit et degrés Réaumur.

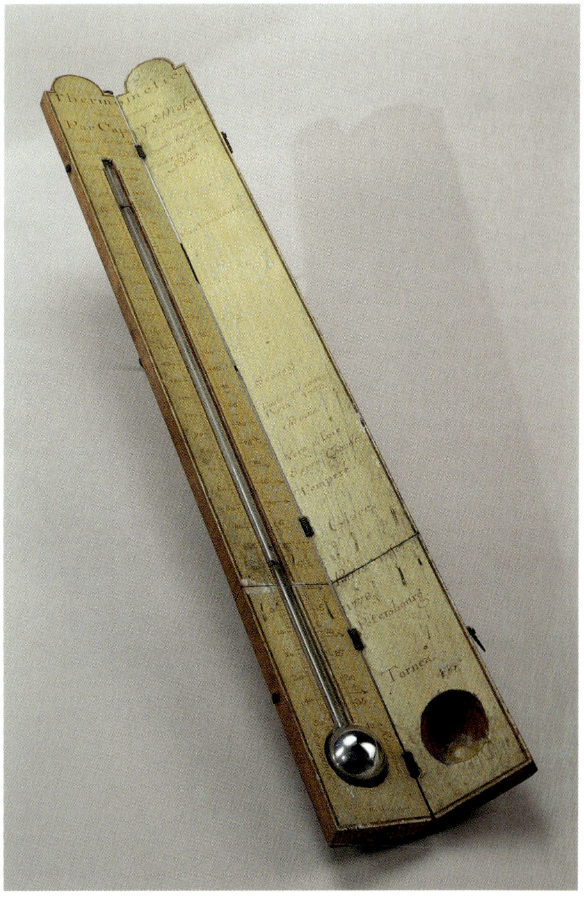

taires britanniques constatent que les zones de pluie, visibles sur les écrans des nouveaux radars à magnétron, gênent la détection des avions. Quelques années plus tard, dans les années 1950, les premiers radars météorologiques marquent l'entrée de la télédétection des précipitations dans la panoplie des instruments météorologiques.

Ainsi, de nombreux physiciens, artisans, ingénieurs et industriels ont progressivement étendu le champ d'application des instruments météorologiques ; on est passé de la mesure ponctuelle d'une grandeur atmosphérique en un lieu et à un instant donnés à une observation de l'atmosphère de plus en plus complète dans l'espace et continue dans le temps.

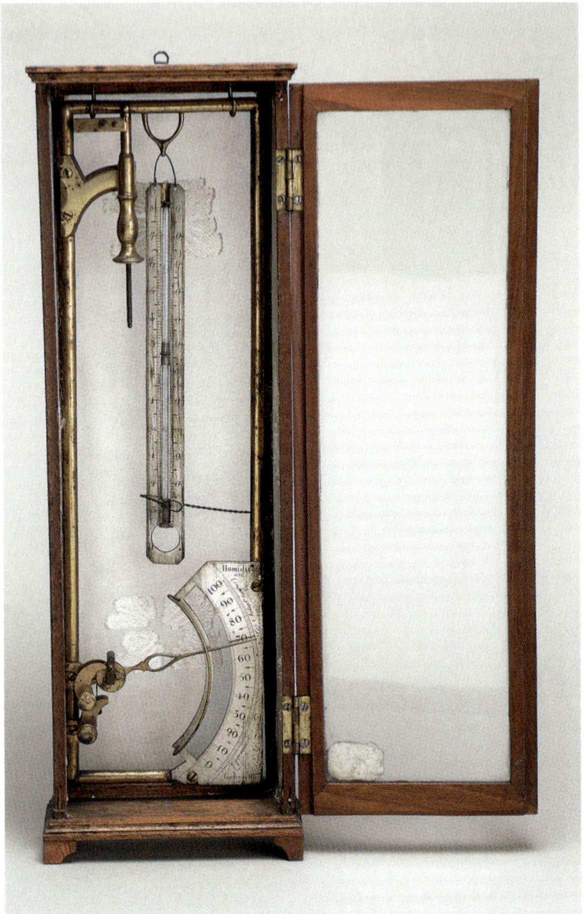

Ci-contre : hygromètre de Saussure, construit par Dumotiez, fin du XVIIIe siècle.

Ci-dessous : actinomètre enregistreur construit par Jules Richard, milieu du XIXe siècle. Il mesure l'intensité du rayonnement solaire à partir de la comparaison des indications de deux thermomètres métalliques placés au centre de deux sphères de métal mince, l'une polie, l'autre recouverte de noir de fumée.

L'équipe de lancement des fusées Dragon lors la mission Terre Adélie en 1967.

Une brève histoire du patrimoine spatial

Gérard Azoulay

Les tensions liées aux affrontements que se livraient les grandes puissances durant la guerre froide apaisées, il est aujourd'hui possible de porter un regard renouvelé sur la place des activités spatiales dans l'étude des régions polaires. Malheureusement, certaines traces et certains témoignages de cette aventure ont déjà disparu dans une certaine indifférence. Il faut noter que l'espace anéantit la majeure partie de ses outils lors de leur usage : un lanceur est non seulement volatilisé lors de sa mise à feu, mais les instruments qu'il emporte sont rapidement hors d'atteinte physique. De plus, les missions achevées, les installations immobilières sont souvent détruites ou évacuées (par exemple dans les îles Kerguelen). Enfin, la recherche spatiale est basée sur la fabrication de prototypes. Satellites, expériences embarquées sous ballons, fusées-sondes : ce sont à chaque fois des modèles quasi uniques qui sont définis en fonction des objectifs visés.

Pour l'année 1957 qui marque le début de l'Année géophysique internationale, il est aujourd'hui avéré qu'elle a constitué un tournant dans l'usage des outils spatiaux pour la recherche scientifique, et donc pour la production patrimoniale, même si l'activité spatiale était alors encore balbutiante au sein de la communauté industrielle et scientifique française. Quelques traces patrimoniales demeurent de ces premières réalisations, qui trouvèrent des développements dans les décennies suivantes.

Les rares objets qui subsistent de l'étude des pôles sont liés aux expériences embarquées sous ballons, telles les ozonosondes, qui contribuèrent à élucider la question de la disparition de l'ozone stratosphérique, ou les têtes des fusées-sondes, car elles redescendent sous parachute. Sans avoir la même valeur émotionnelle, les doubles des expériences témoignent des instruments placés en orbite ou des étapes préparatoires à la constitution de l'instrument : modèle de définition, électrique, de rechange, etc. Spectromètre de masse conçu pour étudier la magnétosphère, altimètre radar servant à mesurer la hauteur des mers… tous nous racontent un épisode de ces recherches. Ces éléments techniques sont-ils pour autant capables de témoigner de manière exhaustive de l'aventure spatiale ? À l'évidence, non. Ils peuvent figurer comme jalons d'une histoire à construire, mais c'est dans les autres champs patrimoniaux qu'il faut rechercher des éléments susceptibles de nous éclairer.

Le patrimoine documentaire, notamment dans ses aspects textuels, serait à même de nous livrer des informations sur les programmes, sur les décisions qui ont présidé à leur engagement, sur leur mise en œuvre technique, mais dans le domaine de l'espace, la politique d'archivage est récente et les sources sont souvent peu référencées. À la faveur d'un inventaire récemment engagé, des archives audiovisuelles ou sonores nous fournissent déjà un matériau précieux, qu'il s'agisse d'archives diffusées sur des médias publics ou d'archives institutionnelles. Ces dernières nous informent par exemple sur les pratiques, la mise en œuvre d'une campagne ballon dans un milieu polaire ou sur le déroulement d'une campagne de fusée-sonde. Les premières illustrent l'importance politique et sociale de l'événement. Ainsi, en écoutant dans un extrait radiophonique datant de 1957 Marcel Nicolet, secrétaire général de l'Année géophysique internationale, expliquer les différentes expériences scientifiques envisagées grâce à l'utilisation de fusées pour l'étude de l'atmosphère, il est aisé de se rendre compte que les principales problématiques physiques contemporaines sont déjà présentes dans l'esprit des organisateurs – seuls manquent encore des outils adaptés. Un tel discours donne également la mesure de l'impulsion décisive que l'organisation de l'Année géophysique internationale communiqua aux recherches spatiales, avec la première utilisation de fusées et de satellites artificiels.

Reste un champ important qui participe à la construction d'une mémoire collective, à savoir le patrimoine immatériel que constitue la mémoire de chacun des acteurs. En effet, les traces d'un événement social et culturel majeur qui a son pendant dans les consciences doivent être prises en compte. Là, un immense travail se profile, car les protagonistes de cet événement disparaissent peu à peu et ces éléments mémoriels risquent d'en être perdus à jamais, au détriment d'une compréhension plus fine. Ainsi que le souligne le philosophe Daniel Parrochia, « la mémoire ne consiste pas en seul enregistrement du passé. Ce qui s'invente – la nouveauté – découlera de ce qui aura été archivé, soit qu'elle résulte directement de la combinatoire, soit qu'elle se loge dans ses lacunes. Le patrimoine, en conséquence, sert l'avenir de la pensée ».

Conscient de l'importance d'une approche globale, l'Observatoire de l'Espace, qui est le bras culturel du Cnes, œuvre depuis huit ans dans ce sens. Il pilote, d'une part, des inventaires du patrimoine instrumental, immobilier, d'archives audiovisuelles et sonores, des représentations en général, et soutient, d'autre part, des recherches en sciences humaines sur l'histoire de l'espace. Pour saisir aujourd'hui la réelle dimension de l'aventure spatiale, il est en effet important de ne pas l'aborder uniquement sous l'angle d'une histoire scientifique et technique mais plutôt comme une histoire culturelle, « une histoire sociale des représentations », selon la formule de l'historien Pascal Ory, seule manière d'appréhender cette entreprise dans toutes ses composantes. Jusqu'à ces dernières années, peu nombreux étaient ceux qui soupçonnaient combien ce patrimoine de l'espace pouvait être révélateur d'enjeux culturels majeurs, tant par la mise au jour et la constitution d'un pan de l'histoire française occulté par le bruit médiatique orchestré par les grandes puissances spatiales que par le facteur identitaire auquel aboutit la restitution d'une histoire nourrie d'un imaginaire et de savoirs partagés par toute l'Europe.

Préparation des pointes de fusée Eridan pour la campagne
ARAKS aux Kerguelen en 1975.

Climat : hier, aujourd'hui, demain

Valérie Masson-Delmotte et Sylvie Joussaume

Les glaces de l'Arctique, glaciers du Groenland (double page précédente) ou glaces flottantes (ci-dessous) – icebergs détachés du continent ou glace de mer formée par congélation de l'eau de mer – ont subi d'importantes variations au cours de l'histoire du climat. En retour, ces glaces influencent le climat par leur capacité à réfléchir le rayonnement solaire.

Les paysages, les espèces vivantes, nos modes de vie ont été façonnés par l'évolution et la distribution géographique des climats. Les sciences du climat ont progressivement émergé au cours du xxe siècle à partir des observations du climat actuel et des changements climatiques passés. Ces observations ont permis d'identifier les composantes clés du système climatique, leurs constantes de temps et leurs processus, et de souligner l'ampleur exceptionnelle de la perturbation que les activités humaines exercent sur la composition de l'atmosphère et le climat. Grâce à la compréhension des processus physiques, cette formidable machine climatique a pu ainsi être mise en équations à travers des modèles numériques de climat, de plus en plus complexes. Testés par rapport à leur capacité à simuler de grands changements climatiques passés, ces codes de calcul sont les seuls outils permettant d'explorer le risque climatique pour les prochaines décennies et les prochains siècles, selon les activités humaines et les rejets de gaz à effet de serre associés. Les régions polaires sont tout à la fois des témoins exceptionnels des changements climatiques passés et des acteurs clés des changements à venir, vis-à-vis desquels elles sont particulièrement vulnérables.

Observer

Grâce à la mise en place d'un réseau mondial de mesures météorologiques, nous disposons depuis cent cinquante ans d'un suivi à l'échelle globale du climat de notre planète. Ces mesures montrent clairement un réchauffement global au cours du xxe siècle, avec une augmentation de la température à la surface de notre planète de l'ordre de 0,75 °C en cent ans, dont 0,6 °C depuis 1950. Comment s'inscrit ce réchauffement, incontestable, dans l'évolution antérieure du climat ? Pour connaître celle-ci, les climatologues tirent parti des indices que les variations climatiques passées ont déposés dans un grand nombre d'archives naturelles du climat. L'étude des faunes, des flores, des roches sédimentaires témoigne des immenses bouleversements climatiques passés. Les sédiments marins enfouis au fond des océans permettent aux paléocéanographes de connaître l'évolution du climat à l'échelle de dizaines de millions d'années. Ainsi, l'analyse des faunes fossiles de carottes de sédiments marins permet d'estimer l'évolution de la température de la mer sur le site de forage (information locale), mais également d'évaluer le volume des glaces continentales (information globale).
En effet, lors des périodes de glaciation, le niveau des mers baisse à cause de l'évaporation et du stockage d'eau sous forme de calottes continentales, ce qui laisse une trace dans la composition isotopique de l'eau de mer et donc dans le calcaire des microfossiles marins.

Les longues archives du climat révèlent un lent refroidissement depuis la période chaude de l'Éocène, il y a environ cinquante millions d'années. Ce refroidissement est probablement lié à une diminution progressive de la concentration en dioxyde de carbone dans l'atmosphère et de l'effet de serre et il est ponctué d'épisodes de variations plus brutales. L'englacement de l'Antarctique semble avoir démarré de manière épisodique il y a environ trente-cinq millions d'années. L'Antarctique de l'Est a été continûment englacé depuis quatorze millions d'années tandis que l'Antarctique de l'Ouest l'est depuis environ huit millions d'années. Il semble ainsi que le degré d'englacement de la planète dépende de façon critique de la concentration en gaz à effet de serre (cette problématique est au cœur du chapitre suivant, « Des gaz dans la glace »).

Depuis plusieurs millions d'années, le climat de notre planète est marqué par une alternance entre périodes glaciaires et périodes chaudes, dites « interglaciaires ». Ces glaciations sont bien documentées par les carottes marines, les glaces polaires et de nombreux marqueurs disponibles sur les continents, comme les pollens, qui témoignent des changements drastiques de végétation. Ainsi, le dernier maximum glaciaire (il y a environ 21 000 ans) correspond à un refroidissement global de l'ordre de 5 °C, modéré dans les régions tropicales (2 à 3 °C), mais amplifié près des pôles, tant du côté de l'Antarctique (10 °C)

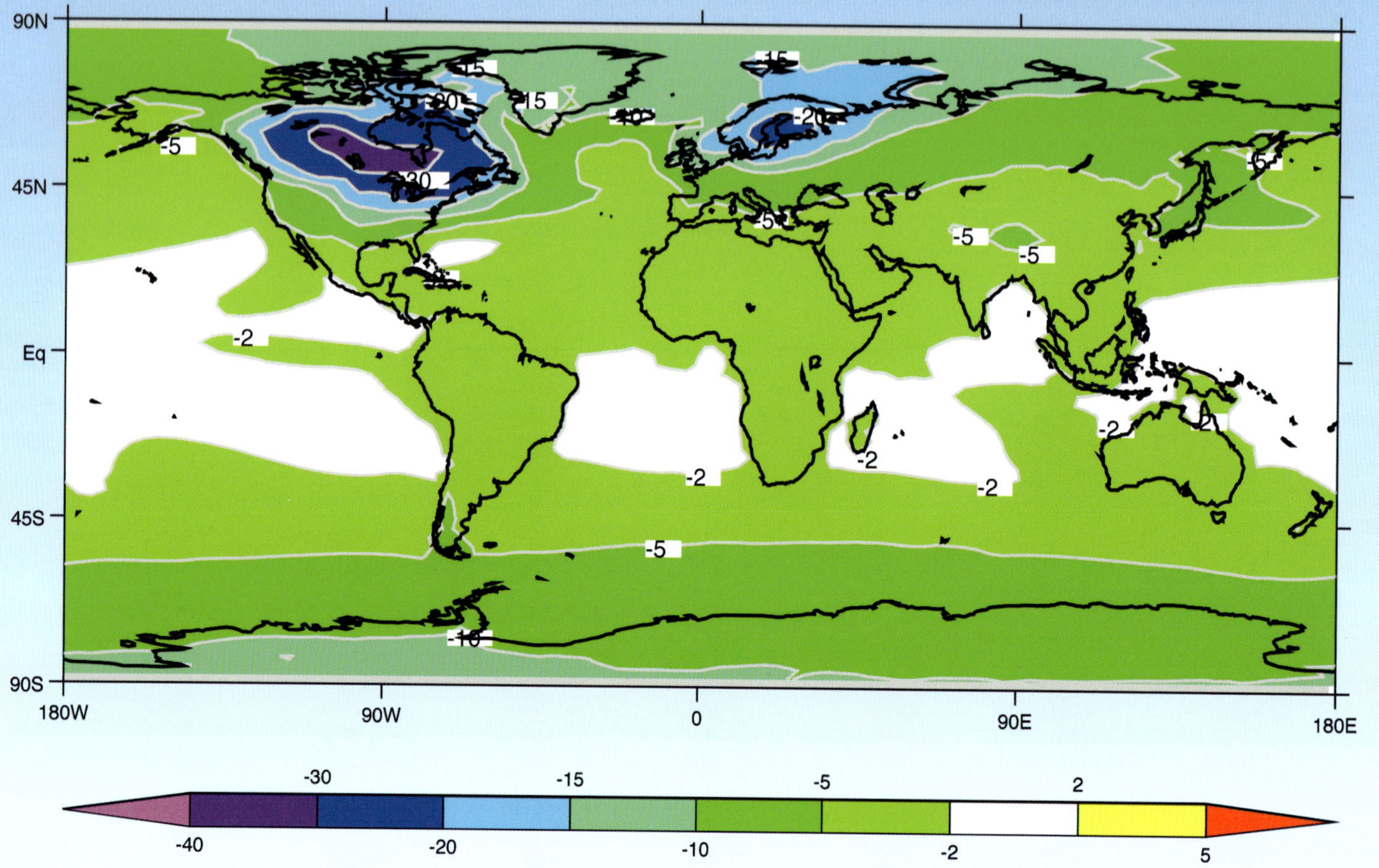

Ci-dessous et pages 98 et 99 : Évolution des températures à la surface de notre planète. À différentes échelles de temps, la température de la Terre subit d'importantes variations. Lors de la dernière grande glaciation, les modèles de climat simulent un refroidissement global de l'ordre de 5 °C, en bon accord avec les différentes archives climatiques. Le réchauffement du climat observé à l'aide de mesures météorologiques atteint 0,6 °C au cours des cinquante dernières années (page 98). À la fin du XXIe siècle, le réchauffement global dépendra des rejets de gaz à effet de serre. Ces projections correspondent à un scénario moyen de rejet de gaz à effet de serre et à un réchauffement global de l'ordre de 3 °C (page 99).
Ci-dessous : entre la dernière glaciation et la période actuelle. Simulations à l'aide de modèles de climat.

que de l'Arctique – de l'ordre de 20 à 25 °C au Groenland. En Europe de l'Ouest, le refroidissement, de l'ordre de 10 à 15 °C, correspondait à une végétation de type toundra.
Avant le dernier million d'années, les glaciations étaient peu intenses mais relativement fréquentes, avec un rythme d'environ 40 000 ans. Le dernier million d'années, lui, est marqué par des variations climatiques considérables, alternances entre de brefs épisodes chauds (d'une durée de l'ordre de 10 000 à 30 000 ans) interrompant de longues périodes glaciaires très rigoureuses (d'une durée de l'ordre de 100 000 ans).
Tous les enregistrements climatiques du dernier million d'années montrent nettement l'empreinte sur le climat des variations de l'orbite de la Terre. Du fait de la présence des autres planètes et de la Lune, l'orbite terrestre est affectée par des variations régulières qui peuvent être calculées très précisément à l'échelle de plusieurs millions d'années passées ou futures. Les changements de l'orbite terrestre modulent la répartition de l'énergie reçue du Soleil selon les latitudes et les saisons et constituent le moteur des cycles glaciaire-interglaciaire (nous y revenons en détail à la fin de ce chapitre).

Les paléoclimatologues travaillent également à déterminer le plus précisément possible la séquence des événements lors des grandes transitions entre périodes glaciaires et périodes chaudes. On montre ainsi que plusieurs processus viennent amplifier l'impact des changements d'ensoleillement sur le climat. Par exemple, le refroidissement polaire s'accompagne d'une extension des zones enneigées et englacées. Or, ces zones de glace ont la capacité de renvoyer vers l'espace une grande partie du rayonnement solaire (c'est le pouvoir d'albédo, que Jean-Claude Gascard décrit en détail), ce qui amplifie le refroidissement. De même, le démarrage des glaciations commence par un refroidissement polaire, puis se poursuit par une diminution des concentrations en dioxyde de carbone et en méthane dans l'atmosphère, ce qui diminue l'effet de serre atmosphérique et contribue à amplifier le refroidissement. Ce sont les carottes de glace de l'Antarctique qui ont révélé les relations étroites entre l'évolution passée des températures antarctiques et celle des teneurs en gaz à effet de serre, dont les bulles d'air emprisonnées dans les glaces constituent l'unique archive. Ainsi, les glaces du forage EPICA (European Project for Ice Coring in Antarctica) ont révélé l'histoire du climat et de la composition de l'atmosphère sur les derniers 800 000 ans (voir le chapitre de Dominique Raynaud et Jérôme Chappellaz déjà cité). Beaucoup de questions restent ouvertes concernant les variations climatiques antérieures : obtenir des forages polaires remontant au-delà d'un million d'années pourrait permettre de comprendre si le couplage entre climat et cycle du carbone a changé et de déterminer les liens entre intensité et durée des glaciations et composition de l'atmosphère.
Dès le milieu des années 1980, les paléoclimatologues ont également mis en évidence des changements climatiques beaucoup trop rapides pour pouvoir être expliqués par les variations lentes de l'orbite terrestre.

Ainsi, les glaces du Groenland, les sédiments marins de l'Atlantique Nord, les pollens, les stalagmites montrent tous une succession d'instabilités rapides du climat pendant la dernière période glaciaire. Dans les glaces du Groenland, ces instabilités sont marquées par une phase froide relativement stable suivie d'un réchauffement brutal pouvant atteindre 8 à 16 °C en quelques dizaines à quelques centaines d'années puis d'un retour progressif à des températures froides. Dans les tropiques, elles correspondent à des alternances entre périodes sèches et périodes humides. Ces instabilités abruptes ont laissé leur marque à toutes les latitudes, jusqu'en Antarctique où les phases froides du Groenland correspondent à des réchauffements progressifs de l'ordre de 2 °C ; les réchauffements brutaux du Groenland interrompant ces maxima antarctiques. Cette bascule bipolaire correspond à une redistribution de chaleur à travers des réorganisations à grande échelle des courants marins. Ces instabilités rapides sont probablement liées à des apports d'eau de fonte des calottes de glace couvrant l'Amérique du Nord et l'Europe du Nord.
En effet, des débâcles massives d'icebergs peuvent apporter suffisamment d'eau douce pour modifier la densité des eaux de surface de l'Atlantique Nord, qui dépend de la température mais aussi de la salinité de l'eau de mer. Cette modification de densité peut alors empêcher la plongée des eaux très denses vers le fond des océans et altérer l'ensemble de la circulation océanique globale.

La toundra, végétation rase, est caractéristique des régions polaires. Elle est remplacée plus au sud par la forêt boréale. Ces deux milieux, illustrés ci-contre, dépendent des conditions climatiques. En période glaciaire, la toundra prévalait au nord de la France. Dans le futur, ces zones qui abritent de nombreuses espèces, risquent d'être affectées par le réchauffement climatique. La toundra pourrait disparaître et la forêt boréale dépérir.

La dernière instabilité rapide du climat a été identifiée dans les glaces du Groenland, dans des archives lacustres en Europe et en Amérique du Nord, et tout récemment dans les sédiments marins de l'Atlantique Nord : il s'agit d'un épisode de refroidissement de quelques degrés long de quelques dizaines d'années et qui s'est produit il y a 8 200 ans. Ce dernier « coup de froid » a été provoqué par la vidange brutale d'un lac recueillant l'eau de fonte de la calotte Laurentide, en Amérique du Nord. Hormis cet épisode, la période interglaciaire actuelle, l'Holocène, apparaît comme remarquablement stable au cours de ses 11 700 ans. Dans les régions tropicales, le début de l'Holocène a été marqué par des moussons indiennes et africaines particulièrement intenses, correspondant à un « Sahara vert ». Ces moussons étaient liées à un ensoleillement plus marqué en été qu'il ne l'est actuellement qui a amplifié le contraste thermique terre-mer et renforcé l'arrivée d'air humide depuis les océans voisins. Dans l'état actuel des connaissances, la température moyenne de notre planète ne semble pas avoir varié de plus de 1 °C au cours de l'Holocène ; mais de nombreuses régions ont connu, à des moments différents, des périodes un peu plus chaudes que celles observées aujourd'hui. L'évolution des températures au cours du dernier millénaire a fait l'objet d'études détaillées tirant parti des mesures météorologiques anciennes, de données historiques (gel de lacs, dates de vendanges…) et d'archives climatiques offrant une résolution annuelle. Ainsi, la mesure de l'épaisseur des cernes annuels des arbres permet d'estimer les variations passées de température dans les régions où c'est la température qui limite la croissance des arbres. À l'échelle globale, le dernier millénaire a été marqué par des variations de température de l'ordre de 1 °C, un épisode doux au Moyen Âge (entre les années 950 et 1300, avec des intensités et des dates d'occurrence variables selon les régions), un épisode froid jusqu'aux années 1850, puis le réchauffement du XXe siècle, également détecté par les enregistrements météorologiques. Toutes les données disponibles montrent que les trente dernières années ont connu un réchauffement exceptionnel par rapport aux derniers 1 200 ans. En parallèle, les climatologues cherchent à déterminer les facteurs responsables de ces variations de température récentes. Il est possible d'estimer l'historique des éruptions volcaniques, qui, en ensemençant l'atmosphère en aérosols, peuvent atténuer l'énergie solaire reçue. De nombreux efforts sont également déployés pour caractériser l'ampleur des variations de l'activité du Soleil lui-même. Ces facteurs naturels sont probablement les principaux responsables des petites variations du climat jusqu'au début du XXe siècle. Par contraste, le réchauffement de la fin du XXe siècle ne peut être expliqué que par le surplus d'effet de serre lié aux activités humaines (voir « Des gaz dans la glace »).

Nous entrons dans une nouvelle période climatique : depuis le début de la période industrielle, ce sont les activités humaines qui pilotent la composition de l'atmosphère. Les niveaux de gaz à effet de serre sont devenus si élevés que cet effet est devenu dominant : depuis quelques décennies, nous pilotons, involontairement, l'évolution du climat. Si les gaz à effet de serre ont toujours naturellement interagi avec l'évolution du climat, le rythme d'augmentation et le niveau des gaz à effet de serre sont sans précédent à l'échelle du dernier million d'années et marquent une rupture par rapport aux rythmes naturels du climat. Faute d'analogue à la situation actuelle dans le passé, les enjeux de l'évolution future du climat nécessitent de comprendre le fonctionnement de ce système climatique, de le modéliser et de déterminer les certitudes et les incertitudes concernant son évolution future.

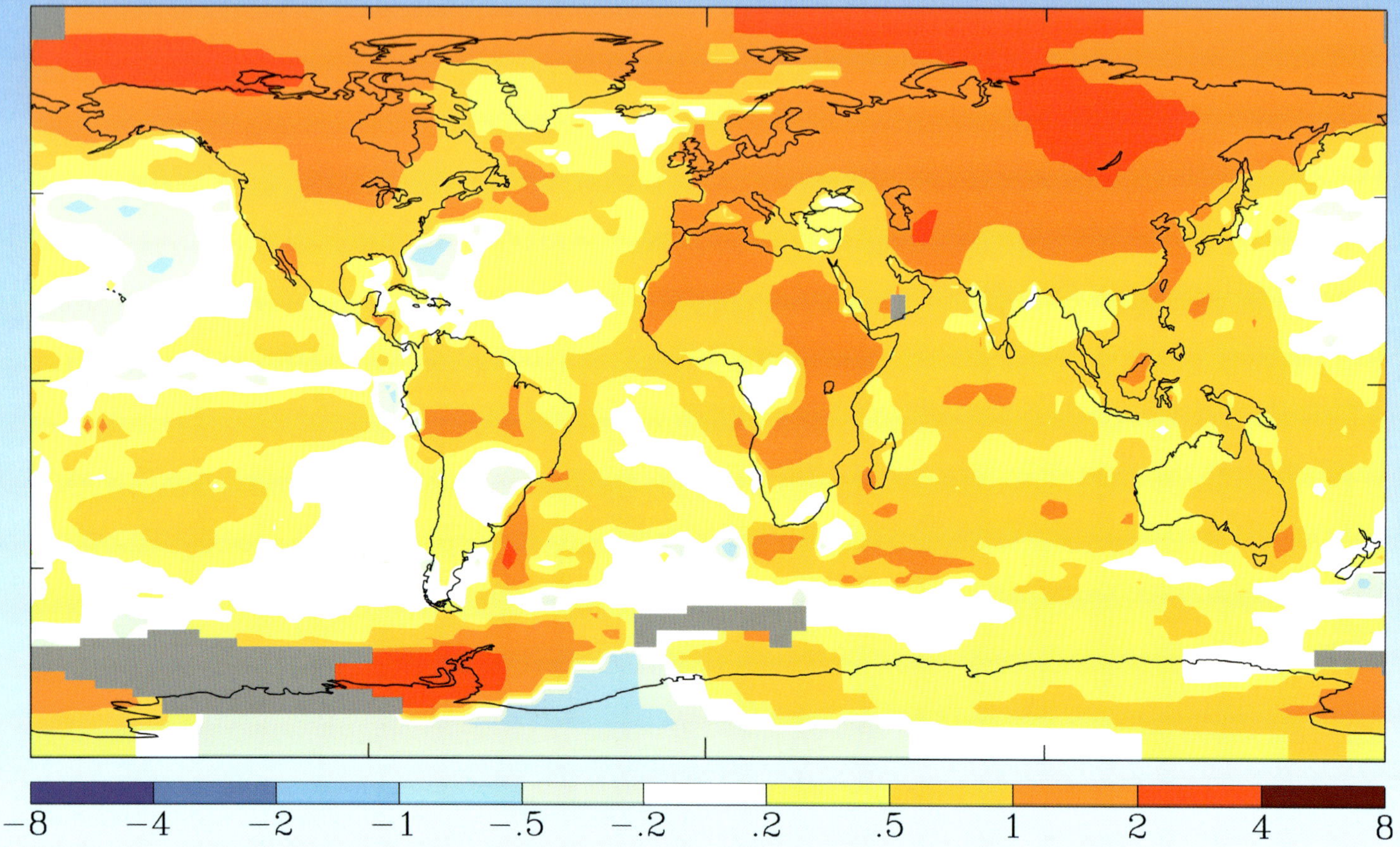

À gauche : évolution des températures à la surface de notre planète entre 1957 (Année géophysique internationale) et 2007. Observations issues des stations météorologiques.

Ci-dessous : entre la période actuelle (1990-2000) et la fin du XXIe siècle (2090-2099). Simulations à l'aide d'un ensemble de modèles de climat. Scénario correspondant à des concentrations de dioxyde de carbone atteignant 600 ppmv en 2100 et à un réchauffement global moyen de l'ordre de 3 °C.

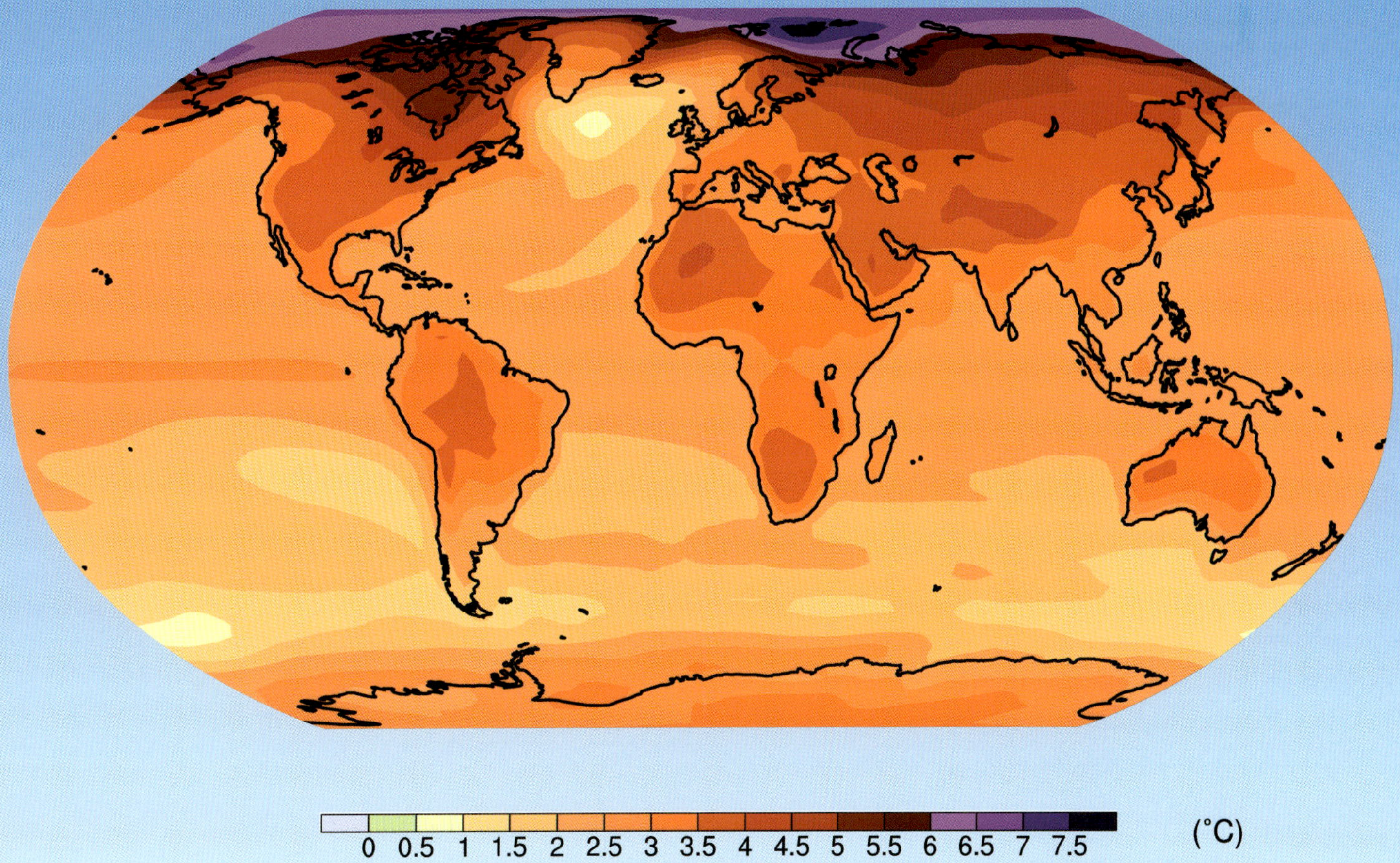

Comprendre

Les changements climatiques résultent des multiples interactions au sein du système climatique. L'atmosphère et l'océan y tiennent une place centrale. Le rayonnement solaire traverse l'atmosphère. Une partie est directement réfléchie vers l'espace, en particulier par les nuages opaques et les surfaces enneigées ou englacées, mais la majeure partie est absorbée par la surface des continents et des océans. Ces surfaces chauffées émettent alors un rayonnement infrarouge qui est en grande partie absorbé par la vapeur d'eau, l'eau liquide des nuages, le gaz carbonique et d'autres éléments à l'état de traces dans l'air, ce qui limite ainsi la déperdition d'énergie en direction de l'espace. Tous ces constituants émettent à leur tour un flux d'énergie infrarouge vers la surface et provoquent un « effet de serre » qui permet à la Terre d'atteindre une température (pré-industrielle) moyenne de l'ordre de 14 °C. Chauffés par le Soleil, atmosphère et océans se mettent en mouvement. Vents et courants transportent l'excédent d'énergie reçu dans les régions tropicales vers les pôles. Fortement couplés par l'effet mécanique du vent sur la surface de la mer et à travers les échanges de chaleur et d'eau, ils peuvent ensemble engendrer des fluctuations naturelles du climat, comme le phénomène El Niño. Celui-ci se produit tous les deux à dix ans, se manifestant par un affaiblissement des alizés, l'apparition d'eaux anormalement chaudes dans le Pacifique et de fortes perturbations dans le régime des pluies tropicales. L'océan est également un immense réservoir de chaleur qui réagit beaucoup plus lentement que l'atmosphère. Il faut jusqu'à plus de mille ans pour brasser l'ensemble de ses eaux.

Neige et glaces ont la particularité de réfléchir fortement le rayonnement solaire, jusqu'à plus de 90 %, et forment la cryosphère. La glace de mer, qui se forme par congélation de l'eau de mer (comme Jean-Claude Gascard l'explique dans son chapitre), couvre en moyenne 7 % des océans mais ne représente qu'une couche de quelques mètres d'épaisseur. Sur les continents, la couverture neigeuse varie de façon importante avec les saisons. Près du quart des continents de l'hémisphère Nord présente un sous-sol gelé en permanence, le pergélisol ; si la couche de surface du pergélisol est active, dégelant pendant l'été, la zone gelée en permanence peut atteindre plusieurs centaines de mètres de profondeur en Sibérie ou en Alaska. Glaciers et calottes couvrent environ 11 % de la surface de la Terre. L'extension des glaciers résulte d'un équilibre dynamique entre la fonte estivale à leur périphérie, leur vitesse d'écoulement et l'accumulation de neige dans les zones les plus froides. Les petits glaciers de montagne, de quelques centaines de mètres d'épaisseur, réagissent rapidement par rapport aux fluctuations climatiques locales, en quelques années à quelques dizaines d'années. L'ensemble de ces glaciers représente environ 50 cm de niveau des mers. La majeure partie de l'eau douce terrestre est stockée dans les calottes de glace qui couvrent le Groenland et l'Antarctique, dont le volume correspond respectivement à 7 et 65 m de niveau des mers. Les grandes calottes de glace ont mis des dizaines de milliers d'années à se former, mais peuvent réagir relativement rapidement aux perturbations climatiques à travers un écoulement accéléré des langues de glace flottantes et des glaciers côtiers.

La biosphère, définie comme l'ensemble des organismes vivants, intervient également dans le fonctionnement de la machine climatique. Sur les continents, elle est principalement constituée par la végétation, dont la répartition dépend de façon critique des caractéristiques du climat que sont la température de l'air et les précipitations. Dans les océans, la biosphère marine dépend également de la température de la mer, de sa teneur en sels dissous, mais aussi de la quantité de lumière et de nutriments disponibles pour permettre la production de phytoplancton, lequel est à la base de la chaîne alimentaire des océans. La biosphère constitue un réservoir de carbone qu'elle échange avec l'atmosphère et l'océan. Actuellement, la déforestation des forêts tropicales contribue pour 20 % aux émissions de dioxyde de carbone liées aux activités humaines. Sur les continents, la végétation intervient également dans les échanges d'eau et d'énergie avec l'atmosphère.

Le climat résulte des interactions au sein du système climatique, dont les différentes composantes sont illustrées dans ce schéma. Atmosphère, océan, biosphère, glaces... échangent entre eux de l'énergie, de l'eau et des flux de carbone, avec des temps de réaction spécifiques. Par exemple, la végétation change au cours des saisons (échelle de temps de un mois pour la biosphère), mais le remplacement d'un type de végétation par un autre (par exemple, le remplacement de la toundra par la forêt boréale) se produit à l'échelle d'un siècle.

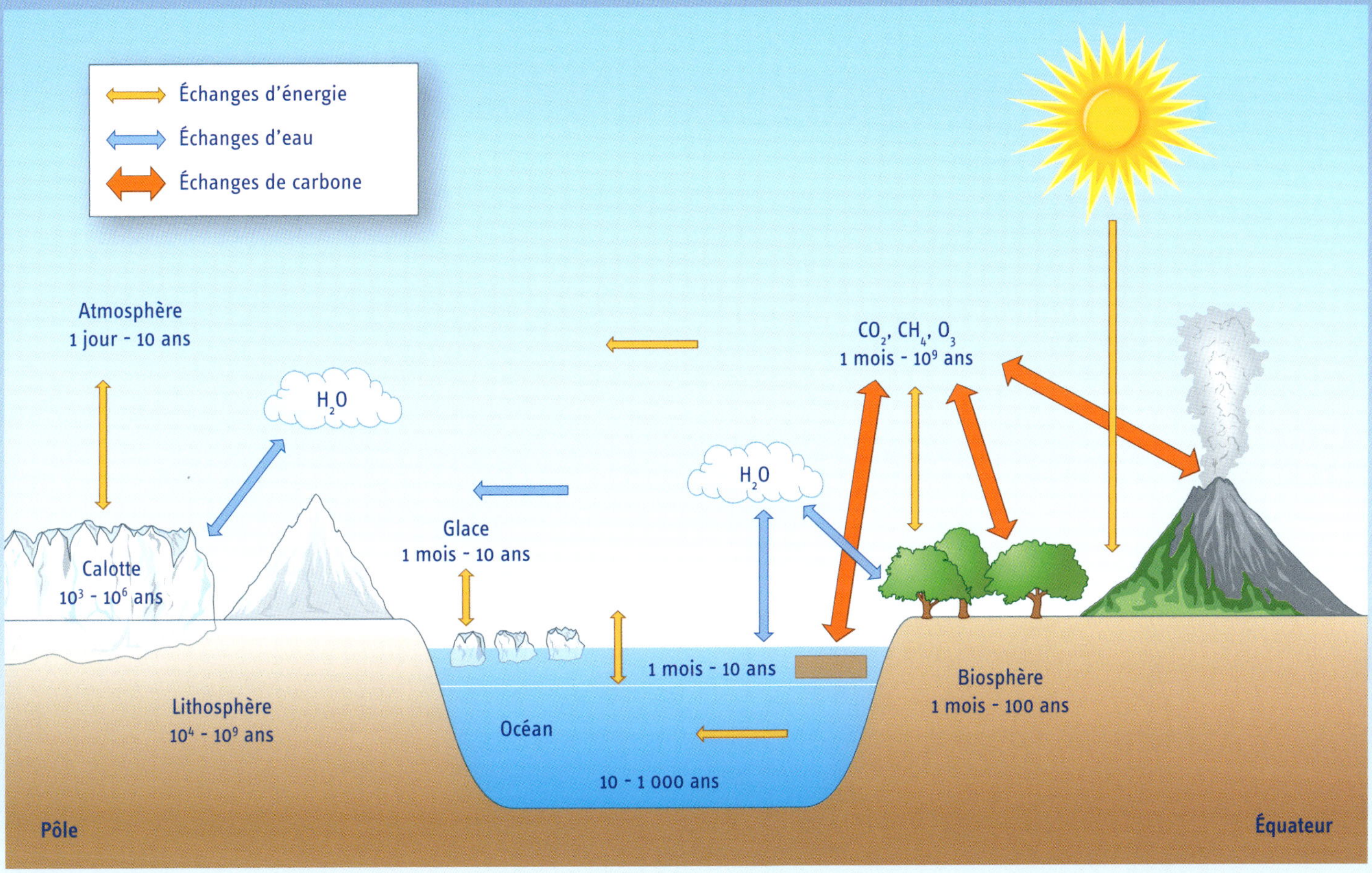

L'ensemble de ce système est soumis à différentes perturbations. Au cours des cycles glaciaires, par exemple, l'énergie reçue du Soleil est modulée par les variations lentes du mouvement de la Terre autour du Soleil. Lorsque l'ensoleillement diminue en été aux hautes latitudes nord, la neige déposée en hiver ne fond plus. Or la neige réfléchit le rayonnement solaire et accroît le déficit en énergie. Il s'ensuit un renforcement du refroidissement et un début d'accumulation de neige.
Le refroidissement arctique entraîne également la disparition de la forêt boréale au profit de la toundra. En hiver, cette toundra, couverte de neige, est bien plus efficace pour réfléchir le rayonnement solaire que la forêt boréale. Le changement de végétation amplifie encore le refroidissement initial. Ces mécanismes d'amplification, qualifiés de « rétroactions positives », initient la formation de calottes de glace sur le nord de l'Amérique et de l'Europe, caractéristiques d'une glaciation. Une fois celle-ci démarrée, des modifications de la biosphère diminuent le niveau de gaz carbonique et de méthane, ce qui renforce encore l'intensité du refroidissement.
D'autres facteurs naturels perturbent le climat. Les variations du climat au cours du dernier millénaire sont en partie dues aux modulations de l'énergie émise par le Soleil et de l'activité volcanique. Aux très grandes échelles de temps, de plus d'un million d'années, la tectonique des plaques devient un facteur prépondérant modifiant la répartition géographique des continents et le niveau de gaz carbonique dans l'atmosphère. La position des continents, en zone tropicale ou polaire, favorise en effet plus ou moins leur englacement. L'intensité de l'activité volcanique module la quantité de gaz carbonique dans l'air à l'échelle de millions d'années, avec des concentrations qui ont probablement pu atteindre

Le glacier Muir, en Alaska, a connu un important recul du front du glacier entre 1941 (à gauche) et 2004 (à droite). Ce recul, observé pour de nombreux glaciers de par le monde, résulte du réchauffement global qu'a subi la Terre au cours du XXe siècle.

jusqu'à dix fois la valeur actuelle. La formation de chaînes de montagnes, comme le Tibet, modifie à grande échelle l'érosion continentale et la sédimentation océanique, d'où un transfert plus important de dioxyde de carbone depuis l'atmosphère vers les océans. Ces processus, combinés à l'évolution de la biosphère, sont responsables des grandes variations de la composition de l'atmosphère et du climat à l'échelle géologique.

Actuellement, l'augmentation de la population et des rejets de gaz à effet de serre liés aux activités agricoles et industrielles modifie profondément la composition atmosphérique. Les émissions de gaz carbonique et de méthane renforcent l'effet de serre naturel et perturbent le climat. Ils induisent un réchauffement qui augmente la teneur atmosphérique en vapeur d'eau, ce qui induit à son tour un réchauffement supplémentaire de l'atmosphère : s'enclenche un mécanisme de rétroaction positive qui amplifie la perturbation initiale.

D'autres mécanismes interviennent également. Lorsque la vapeur d'eau se condense, elle provoque la formation de nuages.

Le rôle des nuages est plus complexe car il est double. Certains types de nuages bas, opaques, réfléchissent une partie du rayonnement solaire, ce qui a pour effet de refroidir la surface de la Terre, alors que d'autres nuages d'altitude, fins, comme les cirrus, produisent un effet de serre qui, au contraire, la réchauffe. Ces deux effets s'opposent mais ne s'équilibrent pas complètement. En moyenne, sous les conditions climatiques actuelles, le pouvoir de réflexion prédomine sur l'effet de serre et les nuages refroidissent la surface de la Terre. Mais dans le cas d'un changement du climat, les nuages jouent-ils un rôle modérateur ou amplificateur ? Afin de répondre à cette question, il est nécessaire de développer des modèles de climat, véritables maquettes du fonctionnement du climat, de façon à prévoir comment celui-ci répond à une perturbation.

Modéliser le climat

La modélisation du climat s'est développée depuis les années 1960. Les modèles de climat sont des maquettes numériques représentant la circulation de l'atmosphère et des océans. Atmosphère et océans sont découpés en un grand nombre de boîtes, les « mailles » du modèle, d'environ 200 à 300 km de côté pour l'atmosphère et 100 à 200 km pour les océans. Dans chacune de ces boîtes élémentaires sont calculées les variables de base du système – température, pression, vents, humidité – à partir des lois physiques qui régissent la dynamique des fluides, les transferts de rayonnement, le cycle de l'eau... Simuler un climat nécessite de nombreux calculs qui font appel aux calculateurs les plus puissants.

Les processus se produisant à une échelle inférieure à la maille des modèles doivent être paramétrisés : c'est par exemple le cas des mouvements turbulents de l'atmosphère ou de l'océan, ou bien de la distribution statistique des gouttelettes d'eau ou des cristaux de glace formant les nuages.

Ces paramétrisations peuvent être différentes d'un modèle à l'autre et jouent un rôle clé dans la réponse des modèles de climat à certaines perturbations. Afin d'estimer l'incertitude liée à la modélisation du climat, les résultats de différents modèles sont comparés de manière systématique, que ce soit pour le climat actuel, les climats du passé ou le climat futur. Ces comparaisons entre modèles de climat (il en existe une vingtaine développés dans les différents pays) permettent de déterminer les réactions qui semblent robustes, c'est-à-dire communes à un grand nombre de modèles, et celles qui sont spécifiques à l'un ou l'autre des modèles.

Ces modèles représentent les grandes caractéristiques du climat actuel, comme l'amplitude du cycle saisonnier. Lorsqu'on leur impose les perturbations naturelles liées au volcanisme et à l'activité solaire et l'évolution des rejets de gaz à effet de serre des cent cinquante dernières années, ils simulent correctement le réchauffement du dernier siècle et permettent de déterminer la part respective des facteurs naturels et des activités humaines dans ce réchauffement. C'est cette compréhension des mécanismes physiques qui permet d'affirmer que la majeure partie du réchauffement des cinquante dernières années est majoritairement pilotée par les activités humaines.

Ces modèles sont également testés sur des climats passés, comme celui du dernier maximum glaciaire, il y a vingt mille ans, et comparés aux données des carottages de glace ou des pollens. Une simulation du climat glaciaire nécessite de modifier les paramètres de l'orbite terrestre, la composition de l'atmosphère (diminution de la concentration en gaz à effet de serre), et d'introduire la présence des calottes glaciaires. De même, les simulations du climat futur sont conduites en réponse à différents scénarios de rejet de gaz à effet de serre.

Les modèles de climat sont des maquettes numériques représentant la circulation de l'atmosphère et des océans. Ces modèles découpent l'atmosphère et les océans en un grand nombre de boîtes dans lesquelles sont calculées température, pluies, vents et courants en s'appuyant sur les principes de base de la physique. Ces modèles permettent d'étudier les climats passés et les possibles évolutions futures du climat.

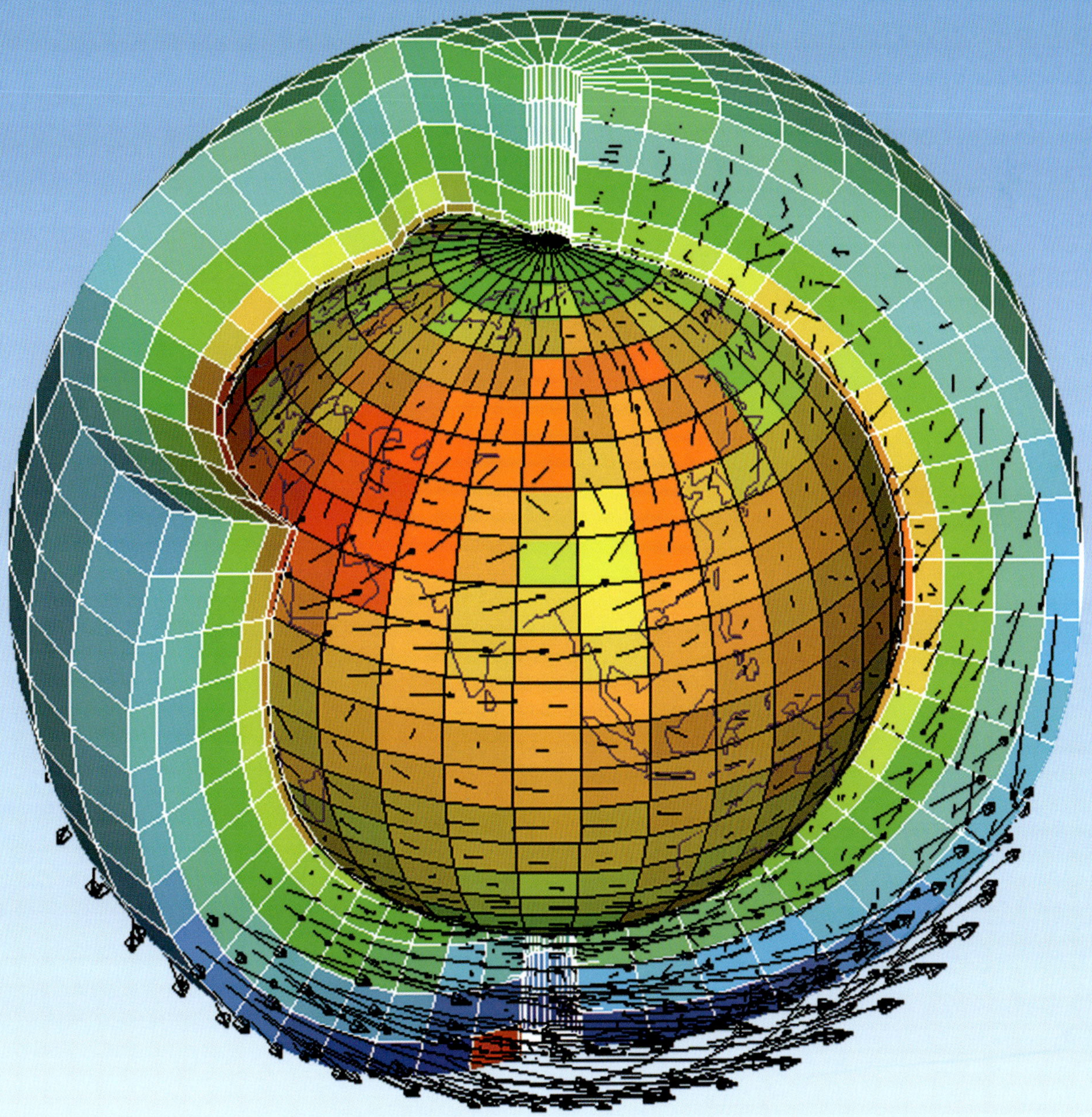

Ci-contre : la barrière de Filchner est une des plus importantes extensions flottantes de la glace continentale antarctique. En 1986, cette barrière s'est cassée en trois énormes icebergs qui se sont déversés dans la mer, comme le montre l'image satellite ci-dessous, à comparer à l'image de 1973 (à droite).

Double-page suivante : l'été 2002, un nouveau lac glaciaire s'est formé suite au recul du glacier Triftgletscher, en Suisse (à gauche). Un an après, à l'automne 2003 (à droite), après un été particulièrement chaud, la majeure partie des icebergs avait fondu. De nombreux glaciers seront amenés à disparaître suite au réchauffement du climat. Ces disparitions se produiront à l'échelle des prochaines décennies dans les tropiques et à l'échelle des prochains siècles pour les glaciers tempérés.

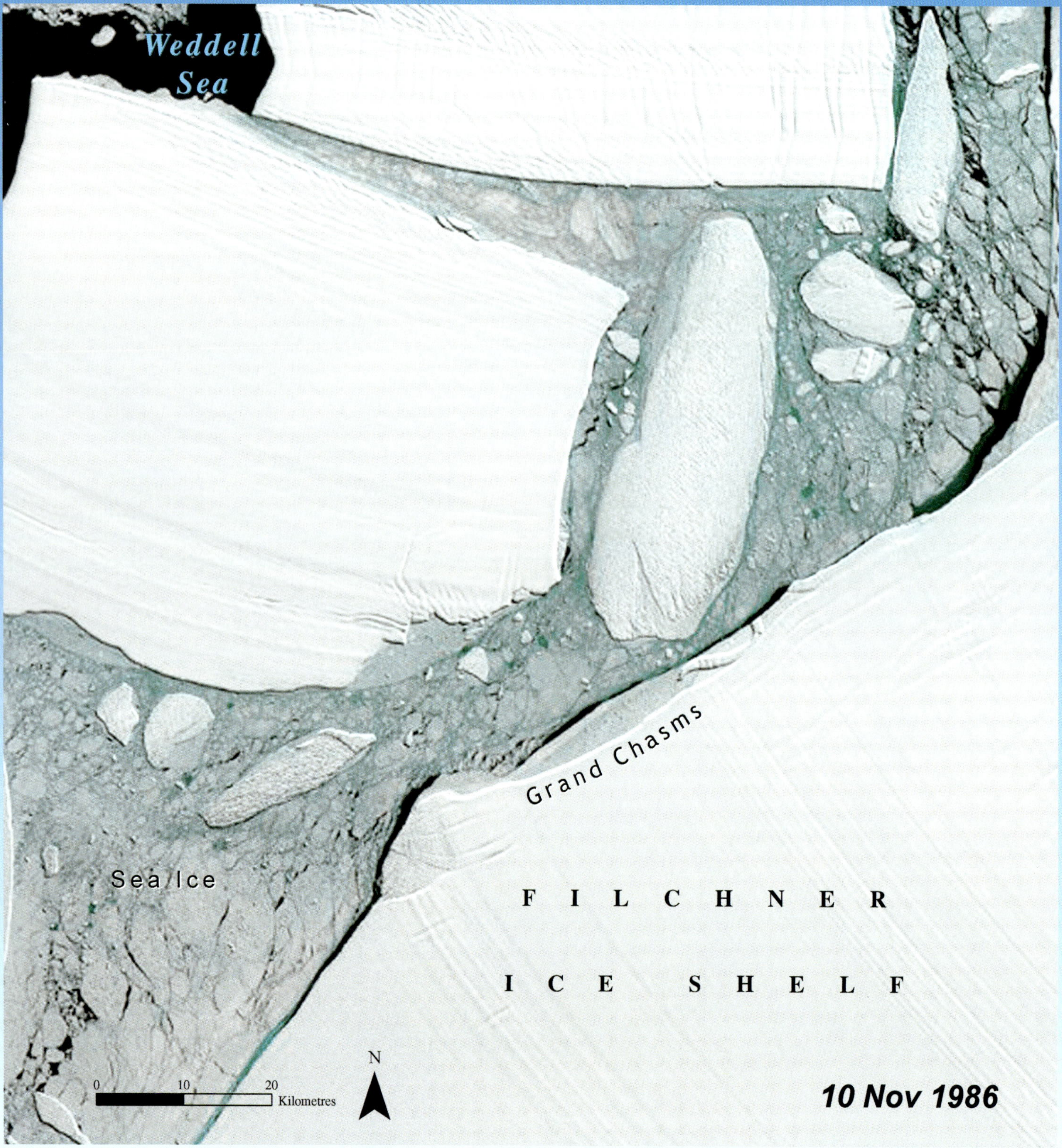

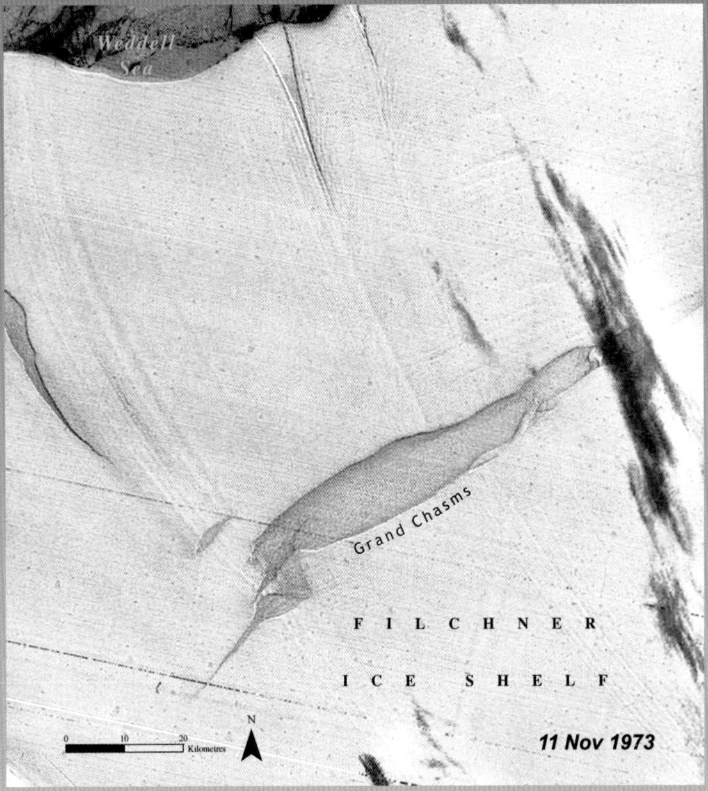

Prévoir le risque climatique : certitudes et incertitudes

L'évolution du climat à l'échelle du XXIe siècle va dépendre essentiellement des rejets de gaz à effet de serre liés aux activités humaines (production d'électricité, transports, déforestation, élevage, agriculture intensive, construction et chauffage des bâtiments, industrie…).

Tous les modèles de climat simulent une poursuite du réchauffement climatique. Les résultats rassemblés par le Groupe intergouvernemental d'experts sur l'évolution du climat (GIEC) en 2007 montrent que d'ici à 2030, le réchauffement suivra un rythme moyen de 0,2 °C par décennie. Ce réchauffement résulte de l'accumulation des gaz tout au long du XXe siècle.

Pour les prochaines décennies, le détail géographique de l'évolution du climat va également dépendre de la variabilité intrinsèque du système climatique (variabilité interannuelle à décennale des courants marins, des vents…) et de facteurs naturels extérieurs (fréquence et intensité des éruptions volcaniques stratosphériques, variabilité de l'activité du Soleil).

Au-delà de 2030, le réchauffement dépendra fortement du niveau de gaz à effet de serre émis dans le futur : différents scénarios possibles ont été fournis par les économistes, conduisant à des estimations hautes, de l'ordre de 900 ppm (parties par million), ou basses, de l'ordre de 500 ppm, pour la concentration en gaz carbonique en 2100, à comparer à la valeur actuelle de 385 ppm. Vers la fin du XXIe siècle, l'accroissement de la température pourrait atteindre de 1,8 °C pour le scénario bas à 4 °C pour le scénario haut. Il existe une certaine dispersion entre les différents modèles de climat pour un scénario donné : cette incertitude est de l'ordre de 1 à 2 °C. Ce résultat montre nettement qu'au-delà des incertitudes sur la réponse du climat, la température de la fin du XXIe siècle dépendra profondément des rejets de gaz à effet de serre anthropiques. Ce réchauffement prévu par les modèles s'accompagne d'une augmentation des épisodes de très grosses chaleurs (canicules) et d'une diminution des épisodes les plus froids. Le réchauffement simulé est plus

Un réchauffement persistant du climat pendant plusieurs siècles amènera une disparition partielle de la calotte de glace du Groenland. Cependant, quelle sera l'ampleur de la fonte et avec quelle vitesse elle se produira sont encore des sujets de débat scientifique. En particulier, la vitesse de réaction au réchauffement du climat des langues de glace flottante, comme illustré ci-dessous, est encore mal connue.

élevé sur les continents que sur les océans et atteint un maximum dans les hautes latitudes de l'hémisphère Nord. La glace de mer arctique pourrait disparaître en été d'ici à la fin du siècle (voir « La banquise arctique, sentinelle climatique »). La fonte des glaciers de montagne et le réchauffement des océans entraîneraient également une élévation du niveau des mers de l'ordre de 50 cm à la fin du siècle. Il reste très difficile d'estimer précisément le risque de remontée du niveau de mers provenant des contributions des calottes du Groenland et de l'Antarctique. Les points d'interrogation proviennent principalement de la vitesse de réaction des glaciers côtiers et des langues de glace flottantes, qui peuvent maintenant être suivis grâce aux mesures spatiales (voir page 81). Pour le moment, il n'existe pas de prévisions quantitatives de la contribution des calottes polaires pour le niveau des mers de ce siècle car ces processus rapides d'écoulement sont mal représentés dans les modèles glaciologiques. Il reste une quasi-certitude : des niveaux élevés de gaz à effet de serre persistant pendant plusieurs siècles vont inéluctablement entraîner une déstabilisation partielle des calottes polaires, dont l'apport d'eau vers les océans pourra atteindre plusieurs mètres au bout de plusieurs centaines d'années.

Les modèles climatiques prévoient également une augmentation des précipitations moyennes sur le globe. Ils s'accordent à simuler une augmentation des précipitations aux hautes latitudes tout au long de l'année, ainsi qu'aux moyennes latitudes en hiver, ce sous la forme de pluies plus intenses. De même, ils simulent une diminution des précipitations dans les régions subtropicales. En Europe, ils simulent une augmentation des précipitations dans le nord de la France, principalement en hiver, mais un assèchement autour du bassin méditerranéen, la France « métropolitaine » se situant à la charnière de ces deux zones.

L'impact des rejets anthropiques de gaz à effet de serre persistera au-delà du XXIe siècle. Sur le long terme, le changement climatique dépendra des rejets de gaz à effet de serre, mais aussi des différents processus du cycle du carbone. Actuellement, l'océan et la végétation absorbent environ la moitié des rejets anthropiques de dioxyde de carbone. Ces puits de carbone pourraient devenir moins efficaces dans un climat plus chaud, d'où une accélération de l'augmentation des teneurs en gaz à effet de serre et de l'évolution du climat. Ce type de rétroaction commence à être pris en compte et pourrait conduire à un réchauffement de plus de 6 °C d'ici à 2100. Les processus d'érosion et de sédimentation qui peuvent faire diminuer naturellement les concentrations atmosphériques en dioxyde de carbone vont ensuite jouer à l'échelle de plusieurs millénaires.

Suite au réchauffement du climat, plusieurs zones à risques du globe pourraient passer un seuil critique et basculer dans un état radicalement différent. Ces « points de bascule » font l'objet de nombreuses recherches.

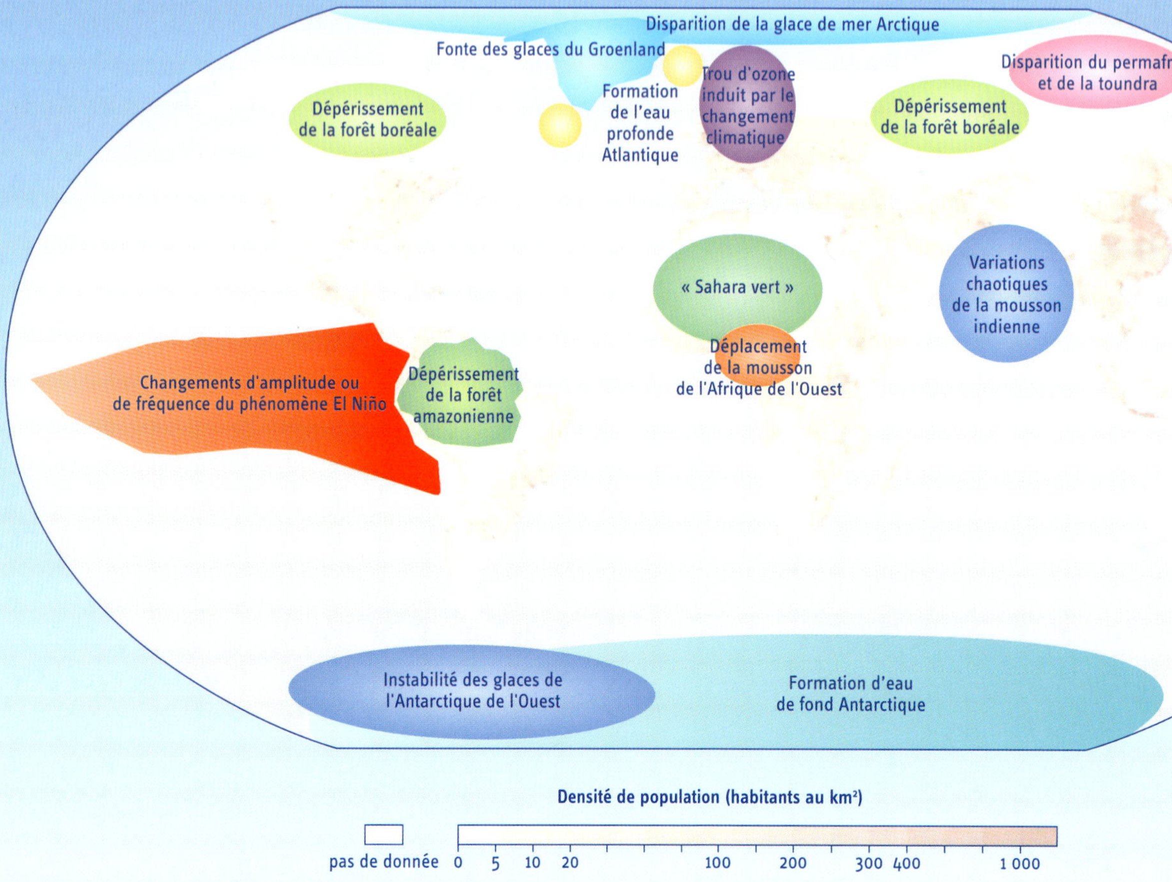

Plusieurs études récentes tentent de recenser les « points de bascule » qui, lorsqu'ils sont franchis, peuvent conduire à une évolution irréversible du climat. Les régions polaires incluent beaucoup de ces points de bascule potentiels, avec des échelles de temps variables. Ainsi, le temps de réponse de la banquise arctique pourrait être très rapide, de l'ordre de la dizaine d'années. Le réchauffement de l'Arctique pourrait entraîner, à l'échelle d'une fraction de siècle, un dégel du pergélisol associé à des rejets importants de gaz à effet de serre par suite de la dégradation de la matière organique gelée. D'autres points de bascule pourraient être franchis d'ici un siècle ou plus, comme le remplacement de la toundra par la forêt boréale ou la fonte des calottes du Groenland ou de l'Antarctique, et leur effet sur les courants marins. Lorsque les modèles climatiques incluent une représentation simplifiée de la fonte du Groenland, ils montrent que des niveaux élevés de teneur en dioxyde de carbone (500 ppmv – parties par million en volume) entraînent en quelques siècles une élévation du niveau des mers de l'ordre de 2 m, ce qui provoque l'arrêt des plongées d'eaux profondes dans le nord de l'océan Atlantique : le réchauffement global reste le même, mais la fonte du Groenland atténue le réchauffement du secteur Atlantique Nord-Europe et accélère, à l'inverse, le réchauffement tropical puisque l'océan ne parvient plus à redistribuer efficacement la chaleur de l'équateur vers le pôle Nord (Jean-Claude Gascard revient également sur cette projection).

Quel sera le devenir du climat de notre planète au-delà des prochains siècles ? Les rejets de gaz à effet de serre liés aux activités humaines devraient avoir un effet considérable sur l'évolution du climat au cours de ce siècle, avec une intensité de changement comparable à l'amplitude de la dernière grande glaciation mais se produisant beaucoup plus rapidement. De plus, les calculs astronomiques montrent qu'il ne devrait pas se produire de minima suffisamment marqués d'ensoleillement pour provoquer une glaciation au cours des prochains 50 000 ans. Notre période interglaciaire exceptionnellement longue laissera donc beaucoup de marge pour que le surplus de gaz à effet de serre anthropiques modifie profondément l'évolution du climat pendant cette nouvelle période climatique dans laquelle nous venons d'entrer : l'Anthropocène.

Une orbite en mouvement : la théorie astronomique des climats du passé

Le mouvement de la Terre autour du Soleil varie au cours du temps sous l'influence de l'attraction gravitationnelle exercée par les autres planètes. En une année, l'orbite parcourue par la Terre décrit presque exactement une ellipse dont l'excentricité, paramètre qui caractérise le degré d'aplatissement de l'ellipse par rapport à un cercle, peut varier très lentement au cours du temps. Avec des périodes voisines de 100 000 et 400 000 ans, l'orbite passe d'un cercle (excentricité (E) nulle) à une ellipse légèrement aplatie (excentricité maximale de 6 %). L'inclinaison de l'axe de la Terre par rapport au plan de l'écliptique, angle (T) défini comme l'obliquité, module la quantité d'ensoleillement reçue aux différentes latitudes suivant les saisons. Sa valeur est à l'origine de phénomènes tels que la nuit polaire en hiver et le soleil de minuit en été aux latitudes les plus élevées. Ainsi, le climat des hautes latitudes est sensible aux variations de l'obliquité. Avec une périodicité de l'ordre de 41 000 ans, cet angle oscille entre 22° et 25°, la valeur actuelle étant de 23° 27'. En raison de la forme elliptique de l'orbite terrestre, la distance entre la Terre et le Soleil varie au cours de l'année. Actuellement, dans l'hémisphère Nord, elle est minimale en hiver et maximale en été, et inversement dans l'hémisphère Sud. Or, la quantité de rayonnement solaire interceptée par la Terre diminue lorsque la distance augmente. Ainsi, nous sommes dans une situation qui adoucit les hivers et refroidit les étés de l'hémisphère Nord, alors qu'elle accroît les contrastes saisonniers de l'hémisphère Sud (dans une proportion qui reste toutefois petite par rapport aux variations saisonnières induites par l'obliquité). Au cours des millénaires, par suite d'une rotation lente (P) de l'axe de la Terre, la position des solstices et des équinoxes se déplace lentement le long de l'ellipse suivant deux périodes, 19 000 et 23 000 ans, ce qui entraîne une variation de l'énergie solaire reçue à chaque saison. Ainsi, il y a environ dix mille ans, la Terre passait par le point le plus proche du Soleil au moment du solstice d'été boréal et non du solstice d'hiver comme de nos jours. L'hémisphère Nord recevait alors plus d'énergie solaire en été et moins en hiver. Toutes ces modifications des paramètres orbitaux affectent l'ensoleillement des différentes zones de latitude de la Terre, en particulier l'intensité du cycle des saisons. Le mathématicien yougoslave Milutin Milankovitch avait proposé dès 1924 d'expliquer les cycles de glaciation à partir de ces variations lentes du mouvement de la Terre autour du Soleil.

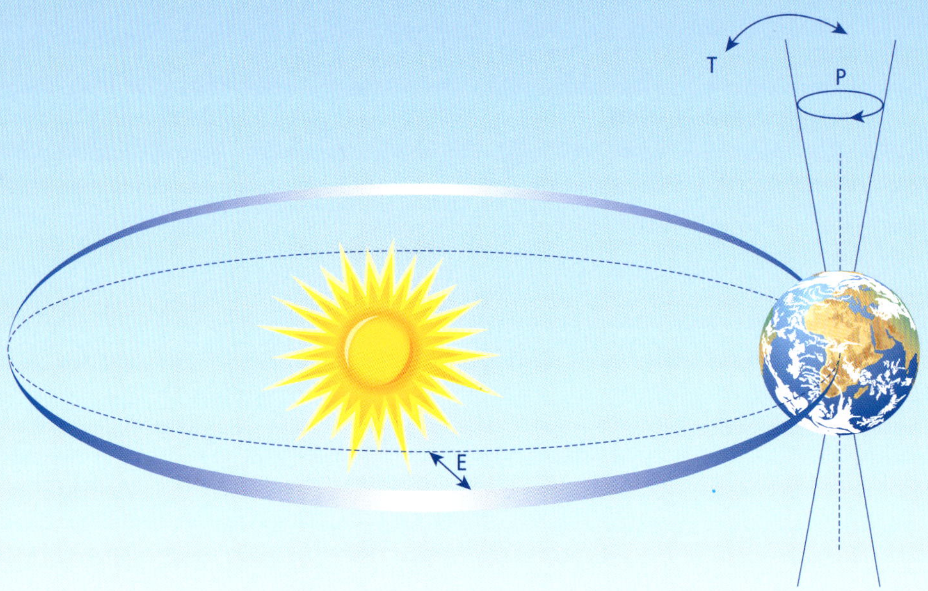

Fonte des glaces du glacier Perito Moreno (Argentine) et formation d'icebergs.

Des gaz dans la glace

Dominique Raynaud et Jérôme Chappellaz

Effet de serre,
vous avez dit effet de serre ?

Le Soleil rayonne son énergie jusqu'à la surface de notre Terre. Cette énergie éclaire et réchauffe, comme chacun peut le constater quand il s'expose aux rayons solaires ! Elle éclaire parce qu'elle est émise de façon prédominante dans le visible et l'ultraviolet. En gros, un tiers de l'énergie solaire qui atteint le sommet de notre atmosphère est réfléchi vers l'espace. Les deux tiers restants sont absorbés par la surface de la Terre et à un titre moindre par l'atmosphère, participant ainsi au chauffage de notre planète.
La Terre est un corps céleste beaucoup plus froid que le Soleil et c'est pour cette raison qu'elle va rayonner en retour essentiellement dans l'infrarouge. Cette énergie émise par la surface des continents et des océans est à son tour absorbée par l'atmosphère, gaz à effet de serre (GES) et nuages, et renvoyée vers la surface. C'est cette fin de tournoi dans ce jeu de ping-pong entre énergie émise, absorbée et réémise qui constitue l'effet de serre.
L'effet de serre participe de façon essentielle à rendre notre planète habitable. Sans lui, notre terre serait un corps gelé avec une température de l'ordre de – 18 °C.

Notons que l'expression « effet de serre » représente scientifiquement un abus de langage, même si cette analogie permet de simplifier le message. En effet, si, dans une serre, le verre laisse passer la lumière visible et absorbe au contraire l'infrarouge, il s'agit surtout d'un système fermé qui empêche la convection naturelle de se produire, accentuant ainsi l'échauffement du volume intérieur.
L'atmosphère sèche est composée à 99 % d'azote (78 %) et d'oxygène (21 %), deux gaz sans effet de serre. Les GES ont des structures moléculaires plus complexes et généralement beaucoup moins communes. Par ordre d'importance dans l'atmosphère contemporaine on citera la vapeur d'eau (H_2O), le gaz carbonique ou dioxyde de carbone (CO_2), le méthane (CH_4), l'ozone (O_3), ou encore le protoxyde d'azote (N_2O), qui préexistaient à l'état naturel dans notre atmosphère avant d'être émis par les activités humaines, mais aussi de purs produits anthropiques, à l'image des chlorofluorocarbures (CFC). La vapeur d'eau tient une place particulière due au fait qu'elle est en quantité prépondérante par rapport aux autres GES. En fait, les activités humaines en émettent directement, mais dans l'absolu fort peu en comparaison du volume de vapeur d'eau que contient l'atmosphère en équilibre climatique avec les océans et les continents.
Cependant, un ajout anthropique de GES tel que le CO_2 dans l'atmosphère va intensifier de façon significative l'effet de serre et donc tendre à réchauffer le climat, jusqu'à ce qu'un nouvel équilibre entre l'énergie terrestre émise dans l'infrarouge et l'énergie absorbée par l'atmosphère s'établisse.
L'intensité du changement climatique résultant dépend de plusieurs mécanismes de rétroaction. Ainsi, lorsque le climat se réchauffe, la quantité de vapeur d'eau atmosphérique augmente, produisant un effet de serre supplémentaire qui, en gros, double celui dû à l'augmentation initiale du CO_2. À son tour, la formation des nuages va être affectée par le changement de la vapeur d'eau. Or, Sylvie Joussaume et Valérie Masson-Delmotte l'ont déjà évoqué, les nuages ont à la fois la propriété d'absorber la radiation infrarouge, amplifiant ainsi l'effet de serre et le réchauffement, et de réfléchir le rayonnement en provenance de l'astre solaire, ce qui participe au refroidissement de l'atmosphère. L'effet conjugué dépend essentiellement de l'altitude à laquelle on rencontre les nuages. Vapeur d'eau et nuages sont des exemples sensibles d'effets rétroactifs mais il y en a d'autres et c'est aujourd'hui un domaine de recherche majeur qui doit permettre d'évaluer comment l'ensemble de ces effets influence le réchauffement consécutif aux émissions anthropiques de GES.

Svante Arrhenius, le précurseur.

1896 : les « calculs ennuyeux » de Svante Arrhenius

Svante Arrhenius fut le premier à quantifier l'influence des variations du CO_2 atmosphérique sur la température de la surface de la Terre. Dans son calcul, qui n'incluait pas encore l'ensemble des effets rétroactifs aujourd'hui identifiés, il tient néanmoins compte de l'important effet que constituent les changements concomitants de la vapeur d'eau. Ainsi Arrhenius est-il le premier à évaluer l'influence d'un changement de la teneur en CO_2 de l'atmosphère sur la température de la surface de la Terre et à envisager la question d'un changement climatique à venir causé par les émissions de CO_2 dues à la combustion des énergies fossiles (en l'occurrence du charbon à cette époque). Son calcul consiste à évaluer quelle devrait être la variation de la température moyenne en fonction de la saison et de la latitude pour différentes teneurs en CO_2 de l'atmosphère. En un an, un intervalle de temps étonnamment court, il développe de façon conceptuelle et sur des bases empiriques la première approche de ce que l'on appelle aujourd'hui la « modélisation de l'évolution du climat en réponse à un changement du CO_2 atmosphérique ».

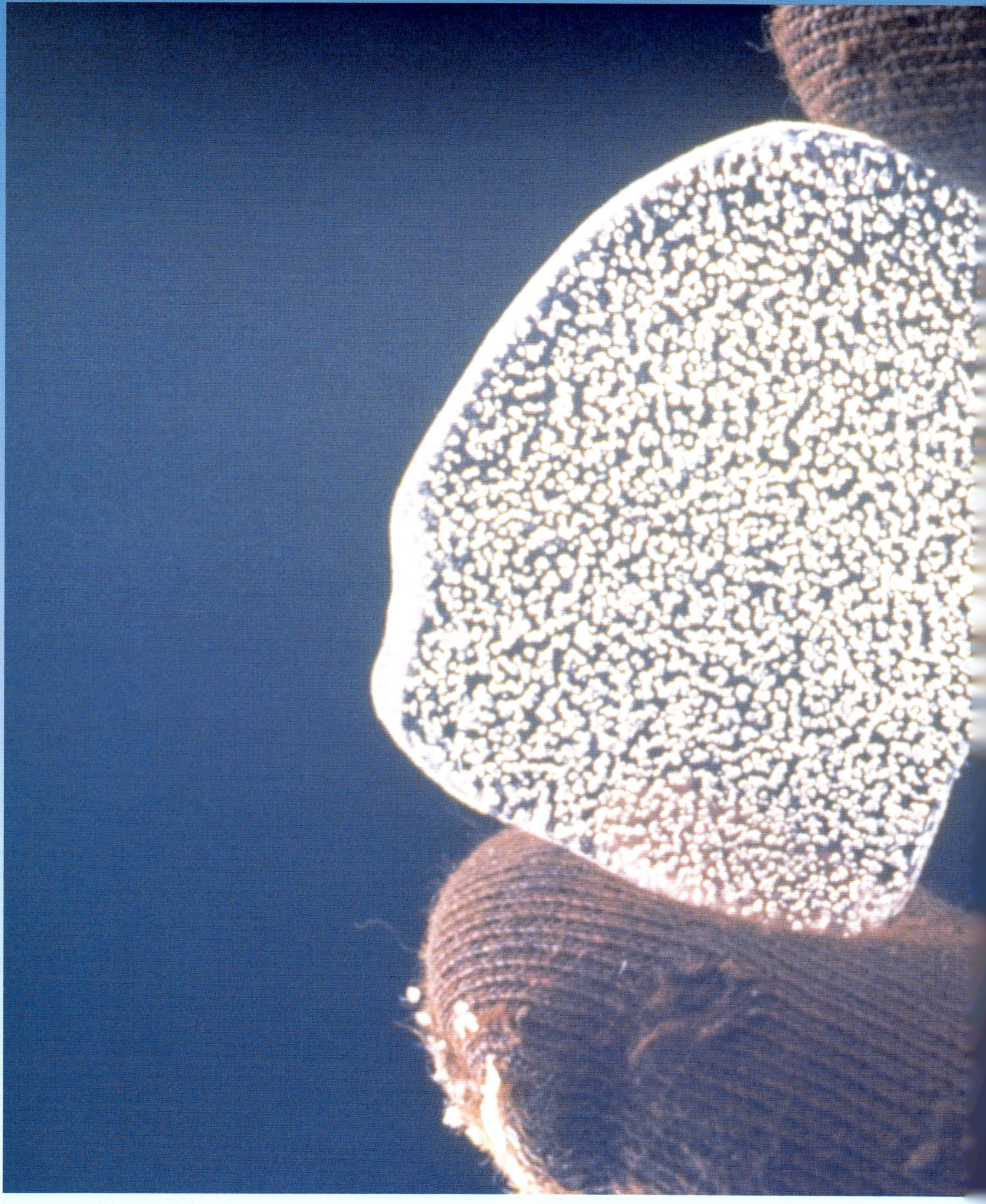

Dans cet échantillon de glace, les bulles d'air sont de jeunes demoiselles : elles ne datent en effet « que » de 1819... À un siècle près, l'époque d'Arrhenius...

Comment ne pas être admiratif quand on sait que le calcul effectué il y a un peu plus d'un siècle par ce grand scientifique suédois (il reçut le prix Nobel en 1903, mais pour ses travaux en chimie) donne, pour un doublement du CO_2 atmosphérique, un réchauffement global de la surface de la Terre conforme aux meilleures estimations que toute une communauté de chercheurs du début du XXIe siècle peut fournir à l'aide d'ordinateurs parmi les plus puissants disponibles !

Mais en fait, la motivation de départ d'Arrhenius était bel et bien d'expliquer la cause du refroidissement marqué qui avait conduit à l'établissement des âges de glace du passé. En 1896, il publie dans un article intitulé « On the Influence of Carbonic Acid in the Air upon the Temperature of the Ground », que l'on peut aujourd'hui qualifier d'« historique », les résultats de ce qu'il appelle « des calculs ennuyeux », démontrant que les températures rigoureuses des périodes glaciaires peuvent s'expliquer par une décroissance de l'ordre de 40 % de la capacité du CO_2 à participer à l'effet de serre.

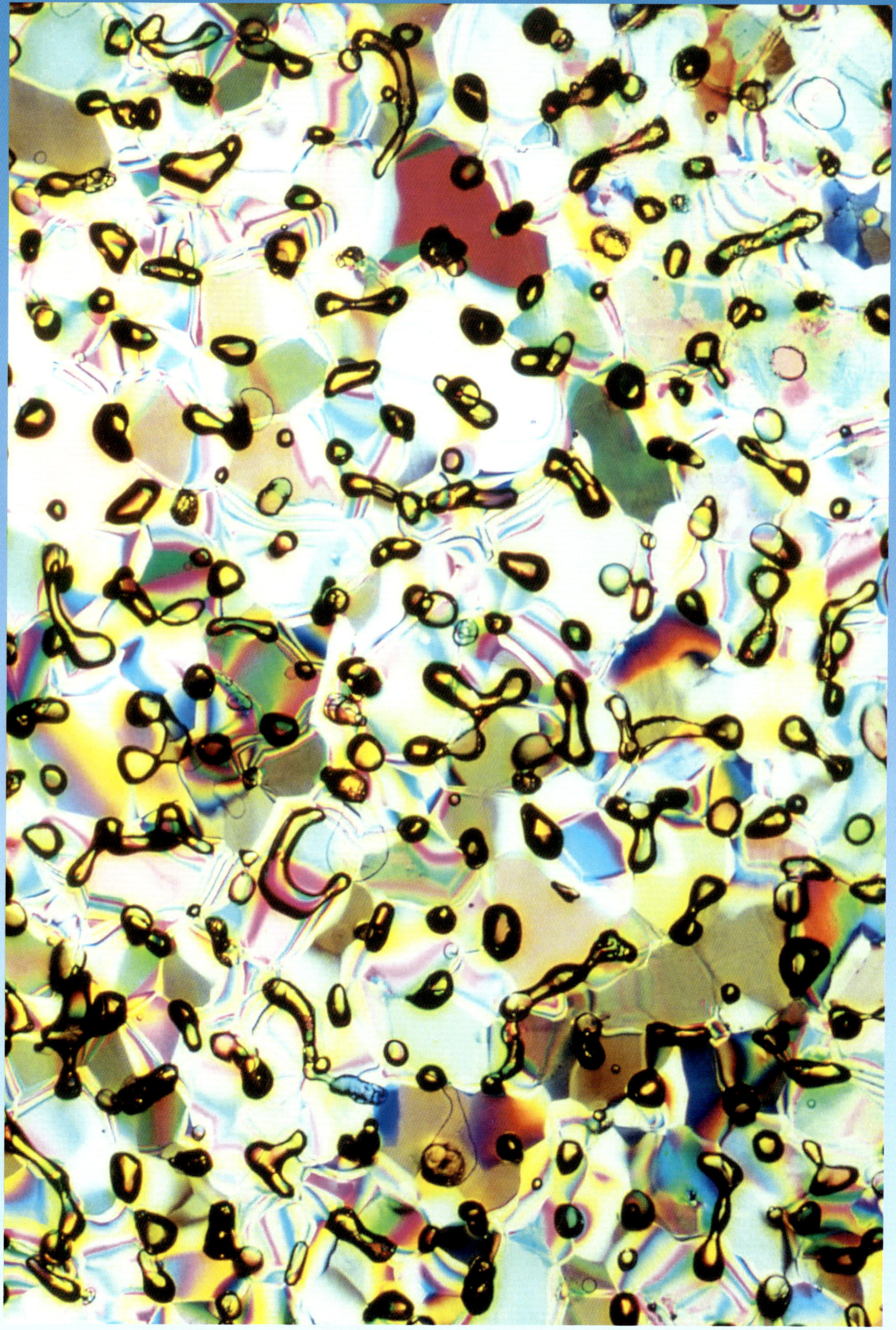

Les bulles d'air de la glace, un réservoir qui résiste aux affres du temps

La neige qui s'accumule à la surface de l'Antarctique chaque année est un matériau poreux au sein duquel l'air circule par convection sous l'effet des vents de surface. Plus en profondeur et sous l'effet du tassement, l'air est totalement isolé des échanges avec l'atmosphère et se retrouve emprisonné sous forme de bulles dans la glace (ci-contre). Après leur fermeture, les bulles, sous pression, diminuent de taille. Elles disparaissent progressivement sous plusieurs centaines de mètres, les molécules d'air étant emprisonnées au sein de la structure moléculaire de la glace. On parle alors de formation d'« hydrates d'air » ou encore de « clathrates ».

Eh bien, malgré le poids des âges (jusqu'à 800 000 ans) et toutes ces transformations au sein des couches de glace, les évidences des mesures et des tests expérimentaux sont là pour attester qu'aussi bien le volume total de gaz que les teneurs en GES (notamment en CO_2 et CH_4) de l'air que renferme la glace de l'Antarctique se trouvent inchangés par rapport aux bulles initiales. À un point tel que l'on peut considérer qu'avec toute la technologie qui est à son service aujourd'hui, l'homme ne pourrait sans doute pas fabriquer un récipient aussi fiable que celui constitué par la glace ultrapropre de l'Antarctique pour léguer aux générations futures au cours des centaines de milliers d'années à venir un échantillon de la composition de notre atmosphère du XXe siècle !

À gauche : une fois emprisonnées, les bulles d'air, sous une lumière particulière, révèlent une diversité chatoyante de formes et de couleurs.

Ci-contre : coupe des couches supérieures d'une calotte de glace montrant la transformation de la neige en glace et le piégeage de l'atmosphère sous forme de bulles.

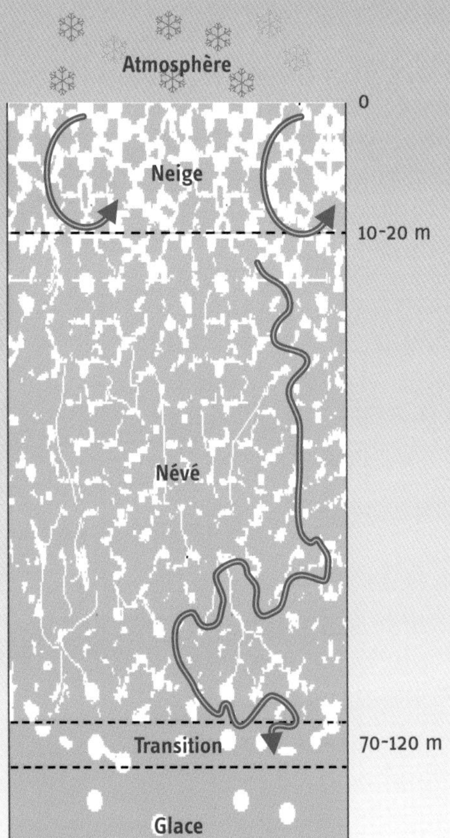

1980 - 1982 : Arrhenius avait raison !

Si quelques analyses d'icebergs au large du Groenland ont bien lieu dans les années 1950, il faut attendre un peu plus de quatre-vingts ans après les calculs d'Arrhenius pour que l'observation de la glace de l'Antarctique et de ses myriades de petites bulles inspire les scientifiques. Ils acquièrent alors la conviction que si l'on savait extraire correctement l'air emprisonné dans la glace, on pourrait analyser la composition de l'air du passé et décrire les variations de sa teneur en CO_2, y compris durant la dernière période glaciaire.

La tâche ne fut pas aisée. Dix ans de tâtonnements, de résultats incertains et décevants au sein des laboratoires de Grenoble et de Berne (Suisse). Et puis, en améliorant la façon d'extraire le gaz de sa matrice de glace, et en particulier en remplaçant au laboratoire de Grenoble la fusion par un broyage de la glace à sec et sous vide, la méthode révéla l'appauvrissement marqué de l'atmosphère en CO_2 au moment du maximum glaciaire, il y a environ vingt mille ans, confirmant ainsi la prédiction d'Arrhenius en ce qui concerne l'appauvrissement en CO_2 de l'atmosphère durant un âge de glace. Les géochimistes comprennent alors que cette découverte pose deux questions majeures : quelle est l'origine de cette variation du CO_2 atmosphérique et quel en est le lien avec le réchauffement ayant conduit à la fin de l'âge glaciaire ? Très vite, leurs regards vont se porter vers l'océan, qui stocke environ soixante fois plus de gaz carbonique que l'atmosphère.

1987 - 1999 : la corne d'abondance de la carotte Vostok

En 1985, trois Français « anneigissent » avec un C130 – un des avions utilisés par la logistique américaine pour faire les liaisons entre la Nouvelle-Zélande et les bases du continent Antarctique – sur la piste de neige de la station soviétique de Vostok, au centre de l'Antarctique, à près de 3 500 m d'altitude. Sous leurs pieds, une épaisseur de glace équivalente contenant 420 000 ans d'archives climatiques. Les foreurs russes avaient débuté le perçage du glacier au début des années 1970. Lorsque l'équipe française les rejoint, ils ont dépassé les 2 000 m de profondeur, offrant ainsi une carothèque unique aux chercheurs.

Deux ans plus tard, la revue *Nature* publie, fait exceptionnel, trois articles sur les résultats de Vostok concernant le dernier cycle climatique (les derniers 160 000 ans) : l'un sur les variations de la température (reconstruite à partir de l'analyse isotopique de la glace par nos collègues de Saclay), le deuxième sur celui du CO_2 et le troisième sur le poids relatif des différents facteurs qui ont conduit à la variation climatique (température) entre période glaciaire et interglaciaire révélée par la carotte de Vostok.

Même si cela a déjà été évoqué au chapitre précédent, il n'est pas inutile d'insister sur cette notion de « cycle climatique ».

Le Quaternaire est la dernière époque géologique qui a débuté il y a environ deux millions d'années et qui est toujours en cours. Elle se caractérise par une succession de longues périodes glaciaires froides entrecoupées de périodes interglaciaires chaudes et plus courtes – de l'ordre de la dizaine, voire de quelques dizaines de milliers d'années. Ces variations cycliques constituent les cycles climatiques, ou cycles glaciaire-interglaciaire. Chaque cycle comporte une période glaciaire entourée de deux interglaciaires.

Les basses valeurs de CO_2 durant l'âge glaciaire sont confirmées et, surtout, l'enregistrement révèle pour la première fois à la communauté scientifique qu'il existe au cours de ce cycle une forte corrélation entre changements climatiques et teneur en CO_2 de l'atmosphère. Apparaît alors l'idée que l'augmentation du CO_2 entre la fin du glaciaire et le début de l'Holocène (nous vivons actuellement dans une période interglaciaire : l'Holocène, qui a débuté il y a 11 700 ans) pourrait avoir contribué au réchauffement planétaire entre ces deux périodes, les calculs situant cette contribution à 50 %.

Dans la décennie qui suit, les Russes continuent à forer et en 1999, les chercheurs français, russes et américains impliqués dans l'étude de la carotte publient les résultats du plus long enregistrement d'une carotte de glace jamais obtenu à l'époque. L'analyse des 3 310 m non perturbés du forage Vostok révèlent alors 420 000 ans de variations de notre atmosphère et de notre climat. Cette extension de l'enregistrement à quatre cycles glaciaire-interglaciaire confirme le lien fort entre les variations du climat et celles du CO_2 et indique que les teneurs mesurées dans l'air de la glace de Vostok sont au maximum de 300 ppmv (parties par million en volume, ou millionièmes de l'atmosphère), une valeur sans commune mesure avec les concentrations actuelles (379 ppmv en 2005). Sur un plan plus fondamental, elle permet de mieux comprendre le rôle respectif du CO_2 et du volume des glaces continentales de l'hémisphère Nord dans l'établissement du rythme d'environ 100 000 ans des cycles glaciaire-interglaciaire.

Au milieu du XIXe siècle, l'Écossais James Croll proposa d'expliquer la succession des glaciations à partir des variations des trois paramètres astronomiques : excentricité, obliquité et précession (pour la définition de ces paramètres, nous vous renvoyons au chapitre précédent). Son idée de base était qu'en période hivernale, si l'énergie solaire arrivant aux hautes latitudes nord venait à diminuer, les champs de neige augmenteraient en surface, ce qui engendrerait une plus grande réflexion du rayonnement solaire et donc des conditions favorables à la naissance de grands inlandsis. Sa théorie prédisait des glaciations en opposition de phase entre les deux hémisphères et elle fut avec le temps de plus en plus en désaccord avec les observations. Arrhenius, en son temps, souhaitait réfuter la théorie astronomique de Croll sur l'origine des âges de glace en s'appuyant sur des principes physiques. Depuis l'époque de Croll, la théorie astronomique a été toutefois revue et corrigée. Le pas décisif a été franchi en 1920 par le mathématicien serbe Milan Milankovitch

Les carottes, d'un diamètre d'environ 10 centimètres, sont stockées dans des carothèques – sur le terrain, comme à Vostok, ou à proximité des labos de recherche.

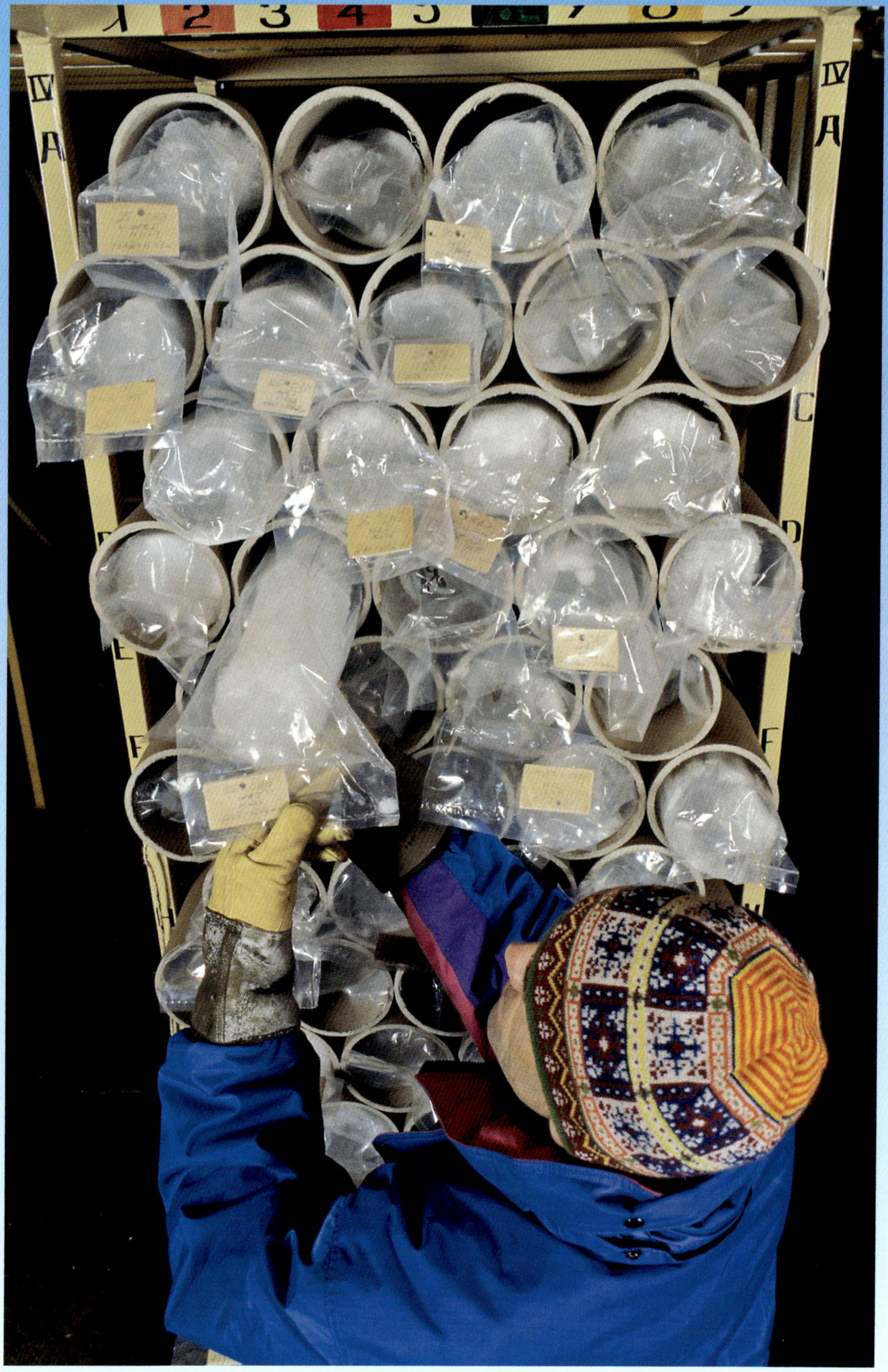

qui a donné à la théorie son nom et ses lettres de noblesse. Cette théorie a d'abord été validée par les enregistrements des sédiments marins dans lesquels on retrouve les fameuses périodicités astronomiques autour de 100 000, 41 000, 23 000 et 19 000 ans, qui correspondent respectivement aux variations de l'excentricité de l'orbite de la Terre autour du Soleil (autour de 100 000 ans), de l'inclinaison de l'axe de rotation de la Terre (autour de 41 000 ans) et de la précession climatique (autour de 23 000 et 19 000 ans). En effet, l'empreinte sans ambiguïté de ces trois paramètres astronomiques dans l'enregistrement marin, comme du reste dans les autres enregistrements paléoclimatiques (qu'ils soient continentaux ou qu'ils proviennent des carottes de glace), indique que l'énergie solaire reçue par la surface de notre planète, modulée par les paramètres astronomiques, constitue le « stimulateur cardiaque » du fonctionnement à long terme de la machine climatique. Par contre, le cycle de 100 000 ans domine l'ensemble des paléoenregistrements du dernier million d'années alors que l'amplitude de la variation d'insolation à cette fréquence est très faible. Il s'agit là d'un paradoxe apparent qui doit refléter le fait que le système climatique répond de façon amplifiée à la stimulation astronomique. La non-linéarité de la réponse climatique a d'abord été attribuée au temps de réponse des grandes calottes de l'hémisphère Nord. Ce caractère non linéaire apparaît clairement dans l'enregistrement marin en dents de scie du volume des glaces, avec des déglaciations « rapides » et des glaciations progressives et lentes.

En fait, l'enregistrement sur quatre cycles climatiques du CO_2 dans la carotte de Vostok montre que le rythme des transitions glaciaire-interglaciaire, de l'ordre de 100 000 ans, n'est pas nécessairement généré par les seules variations du volume des glaces. En effet, au cours des transitions climatiques entre époques glaciaires et interglaciaires et pour les cycles de 100 000 ans, les variations du CO_2 précèdent généralement celles du volume des glaces continentales de plusieurs milliers d'années. Désormais, à partir de l'ensemble des paléodonnées (glace, sédiments marins, archives continentales), on peut empiriquement évaluer les différentes perturbations du bilan énergétique de la planète (les forçages radiatifs) qui contribuent à l'amplification du faible forçage astronomique initial pour passer à un état interglaciaire à partir des conditions du dernier maximum glaciaire.

Deux amplificateurs puissants et de poids sensiblement équivalent apparaissent pendant les réchauffements entre périodes glaciaires et interglaciaires : d'abord l'augmentation des GES, et en particulier du CO_2, puis la fonte progressive des glaces continentales de l'hémisphère Nord par diminution de l'effet d'albédo. L'albédo est la fraction en pourcentage du rayonnement solaire incident qui est réfléchie par une surface. La neige ou la glace ont un albédo important (de l'ordre de 80 %) par rapport à l'albédo moyen de la surface de la planète (de l'ordre de 30 %). Ainsi, quand les glaces continentales de l'hémisphère Nord se mettent à fondre, moins de rayonnement solaire est réfléchi et donc plus est absorbé par la surface, ce qui contribue à un réchauffement accru de la planète.

Mais le CO_2 n'est pas le seul GES à avoir suscité l'intérêt des « gaziers de la glace ». Ainsi, les travaux pionniers des glaciologues américains avaient révélé, au début des années 1980, l'impact considérable des activités humaines sur les teneurs en méthane. L'analyse de glace préindustrielle provenant de l'Antarctique et du Groenland indiquait en effet des teneurs voisines de 700 ppbv (parties par milliard en volume, ou milliardièmes de l'atmosphère), alors que celles-ci atteignaient déjà 1 650 ppbv dans l'atmosphère au moment de ces analyses. Aujourd'hui à 1 800 ppbv, les teneurs en méthane atmosphérique ont donc été multipliées par plus de 2,5 par rapport à leur niveau dit « préindustriel » il y a deux cents ans.

Il faudra attendre la fin des années 1980 pour qu'on connaisse l'évolution naturelle du méthane et son lien avec le climat.

À Grenoble et à Berne, les glaciologues rivalisent pour être les premiers à obtenir ces fameuses mesures. La publication de leurs travaux s'effectuera à seulement deux mois d'intervalle en 1988, dans la revue *Nature*.

S'appuyant respectivement sur les forages antarctiques de Vostok et de Byrd, ils démontrent qu'en période glaciaire, l'atmosphère terrestre contenait deux fois moins de méthane qu'il y a deux cents ans, soit 350 ppbv. Ainsi, l'évolution naturelle du climat conduit à une variabilité encore plus importante du méthane que du dioxyde de carbone.

Malgré l'ampleur de ces variations, leur impact radiatif est demeuré relativement faible par rapport à celui du CO_2. Même en tenant compte de rétroactions chimiques provenant du fait que la réaction du méthane avec l'oxygène atmosphérique conduit à la production de vapeur d'eau dans la stratosphère et potentiellement d'ozone dans la troposphère (tous deux des GES), les chercheurs grenoblois montrent que le doublement du méthane entre glaciation et période interglaciaire conduit à un effet radiatif cinq fois moindre que celui dû à l'augmentation concomitante du dioxyde de carbone.

La carotte de Vostok offre une perspective unique sur la variabilité du méthane dans les périodes glaciaires et interglaciaires. Tout comme le CO_2, le signal CH_4 révèle une remarquable stabilité des niveaux glaciaires, oscillant entre 320 et 400 ppbv. Au contraire, les interglaciaires montrent plus de variabilité : plafonnant à 650 ppbv il y a 250 000 ans, le méthane atteint 800 ppbv il y a 320 000 ans, les teneurs naturelles les plus élevées observées sur cette échelle de temps (c'est aussi durant cet interglaciaire que les teneurs en CO_2 atteignent leur record pré-industriel de 300 ppmv). L'analyse des périodicités dominantes du signal méthane révèle alors une forte variance dans les périodes de l'obliquité et de la précession. De l'intensité du signal de précession, on déduit que les basses latitudes, au travers des zones marécageuses plus ou moins importantes en fonction de l'intensité des moussons, contrôlent en grande partie la variabilité naturelle du méthane.

Plus surprenant, l'analyse du méthane va mettre en évidence des variations rapides et de forte amplitude durant chacune des glaciations couvertes par le forage Vostok. Les mesures détaillées conduites sur les forages groenlandais de GRIP (Greenland Ice Core Project) et de GISP2 (Greenland Ice Sheet Project 2) avaient révélé au préalable que durant la dernière glaciation, ces variations, atteignant jusqu'à 200 ppbv d'amplitude, étaient pratiquement synchrones avec les événements de réchauffement abrupt du Groenland (et voir le chapitre précédent). Ainsi, on pouvait raisonnablement considérer l'évolution de ce GES comme un analogue de l'existence de tels événements au cours des glaciations passées, glaciations hélas non enregistrées dans les glaces groenlandaises. Grâce à ces analyses, les glaciologues grenoblois indiquent que les instabilités abruptes du climat constituent une caractéristique systématique des dernières glaciations.

L'ère d'EPICA : 800 000 ans d'enregistrement des gaz à effet de serre et du climat

En 2004, les foreurs du projet européen EPICA (European Project for Ice Coring in Antarctica), qui rassemble dix pays dont la France, atteignent au Dôme C (sur le site de la base franco-italienne Concordia, sur le haut plateau antarctique, à 560 km de Vostok) la profondeur de 3 260 m. Ils nous offrent alors un merveilleux cadeau : 800 000 ans d'archives continues de notre climat et de notre atmosphère, soit environ deux fois plus qu'à Vostok, Vostok qui perd le record de longévité mais conserve cependant celui de la profondeur !
Les efforts combinés des chercheurs grenoblois et bernois viennent en particulier de reconstituer l'évolution du CO_2 et du CH_4 sur l'ensemble de cette longue période du passé.

L'extension, par l'équipe de Saclay, de l'enregistrement climatique de Vostok aux quatre cycles climatiques précédents (entre 800 000 et 420 000 ans avant notre ère) révèle en général des interglaciaires moins chauds et indiquant des teneurs en CO_2 et CH_4 plus basses que les interglaciaires plus récents (une exception, cependant : l'interglaciaire le plus ancien couvert par le forage de Dôme C, le n° 19, rompt cette tendance, avec des teneurs en méthane atteignant 740 ppbv, donc plus élevées que celles du début de l'Holocène).
La remarquable corrélation entre GES observée sur les quatre derniers cycles climatiques est conservée sur l'ensemble des huit cycles que couvre l'enregistrement de la carotte EPICA du Dôme C (EDC), ainsi que le caractère sans précédent des teneurs atmosphériques en CO_2 et CH_4 observées aujourd'hui (voir la figure page 132).

Travail de glaciologie sur la carotte de glace issue du forage effectué lors du premier hivernage à la Base Concordia, en Antarctique. La carotte vient juste d'être sortie du carrotier. Un forage de plus de 3000 mètres.

Certains des icebergs qui vèlent autour de l'Antarctique proviennent des régions centrales où sont situés des sites tels que Vostok ou Dôme C ; la glace formée dans ces sites a mis des centaines de milliers d'années pour s'écouler vers les régions côtières. Mais peut-être cet iceberg provient-il de la fonte printanière de la banquise (dont on voit une vue satellite, page 137, en mer de Weddell, à l'est de la péninsule Antarctique). Dans ce cas, le processus est plus rapide.

Pour le CO_2, la surprise majeure est liée à la durée exceptionnelle couverte par la carotte. En effet, elle révèle une tendance à long terme, de plus faible amplitude et qui semble indépendante de la température, qui se superpose aux grandes fluctuations glaciaire-interglaciaire, elles étroitement corrélées à celles du climat. Ainsi, le CO_2 atmosphérique pourrait être modulé sur plusieurs centaines de milliers d'années en raison de l'intensité plus ou moins importante de l'érosion continentale et/ou d'une réorganisation majeure du réservoir océanique de carbone.

D'autre part, les chercheurs grenoblois et bernois ont reconstitué avec une résolution sans précédent l'évolution du méthane au cours des derniers 800 000 ans, en s'appuyant exclusivement sur la glace du forage EDC. Avec pas moins de 2 245 échantillons mesurés, ils sont parvenus ainsi à détailler la variabilité du CH_4 avec une résolution moyenne de 380 ans, et ont même atteint deux cents ans sur le dernier cycle climatique. La durée exceptionnelle couverte par l'enregistrement EDC permet de mettre en évidence des tendances dans les périodicités astronomiques du signal CH_4 qui n'étaient pas accessibles par le forage Vostok. Ainsi, on observe un renforcement du signal de précession au cours du temps, une caractéristique également notée dans les enregistrements de l'intensité de la mousson asiatique. Cette correspondance renforce l'interprétation initiale faite il y a près de vingt ans, qui mettait l'accent sur l'humidité tropicale comme vecteur essentiel de la variabilité naturelle du CH_4.

Le signal CH_4 permet aussi d'identifier pas moins de 74 événements de type Dansgaard-Oeschger au cours des huit glaciations couvertes par le forage EPICA. Se trouve ainsi renforcé le caractère « universel » de ces changements brusques du climat au cours des périodes glaciaires du Quaternaire.
L'analyse des teneurs en CO_2 ou en CH_4 au cours du temps ne suffit pas à construire un scénario unique expliquant les causes de la variabilité naturelle du passé telle qu'enregistrée dans les archives des carottes de glace. D'autres traceurs sont nécessaires. Ainsi, depuis peu, les glaciologues sont capables de mesurer également l'évolution des rapports isotopiques du carbone et de l'hydrogène constituant la molécule CH_4 qui, en principe, permettent de séparer le CH_4 d'origine thermique de celui produit par l'activité bactérienne.
Ce paragraphe, utile mais pas indispensable, explique la séparation isotopique. Vous pouvez donc choisir de le lire... ou de passer au paragraphe suivant ! Chaque atome, comme le carbone ou l'hydrogène, est un assemblage de particules élémentaires : neutrons, protons et électrons. Un atome a toujours le même nombre de protons et d'électrons mais son nombre de neutrons peut varier. Ainsi le carbone a-t-il trois isotopes naturels : le carbone 12 (^{12}C), le plus abondant avec six neutrons, le carbone 13 (^{13}C, sept neutrons) et le carbone 14 (^{14}C, huit neutrons). De même, l'hydrogène (H) possède un proton et un neutron et a deux isotopes : le deutérium (D, deux neutrons) et le tritium (T, trois neutrons). Dans le cas du méthane atmosphérique, le rapport entre nombre d'atomes ^{13}C et ^{12}C ou D et H dépend essentiellement de son origine et permet de caractériser le CH_4 formé par décomposition bactérienne en milieu anérobie – c'est-à-dire privé d'oxygène – (cas des zones humides, des ruminants...), de celui provenant des réactions d'origine thermique qui se produisent en particulier en association avec la formation du pétrole et du gaz (et donc à une échelle géologique), ou encore lors de la combustion de biomasse.

Dioxyde de carbone, anomalie de températures et méthane au cours des 800 000 dernières années. On note le « mariage intime » entre les niveaux des gaz à effet de serre et les températures, ainsi que les niveaux sans précédent des valeurs actuelles du dioxyde de carbone et du méthane.

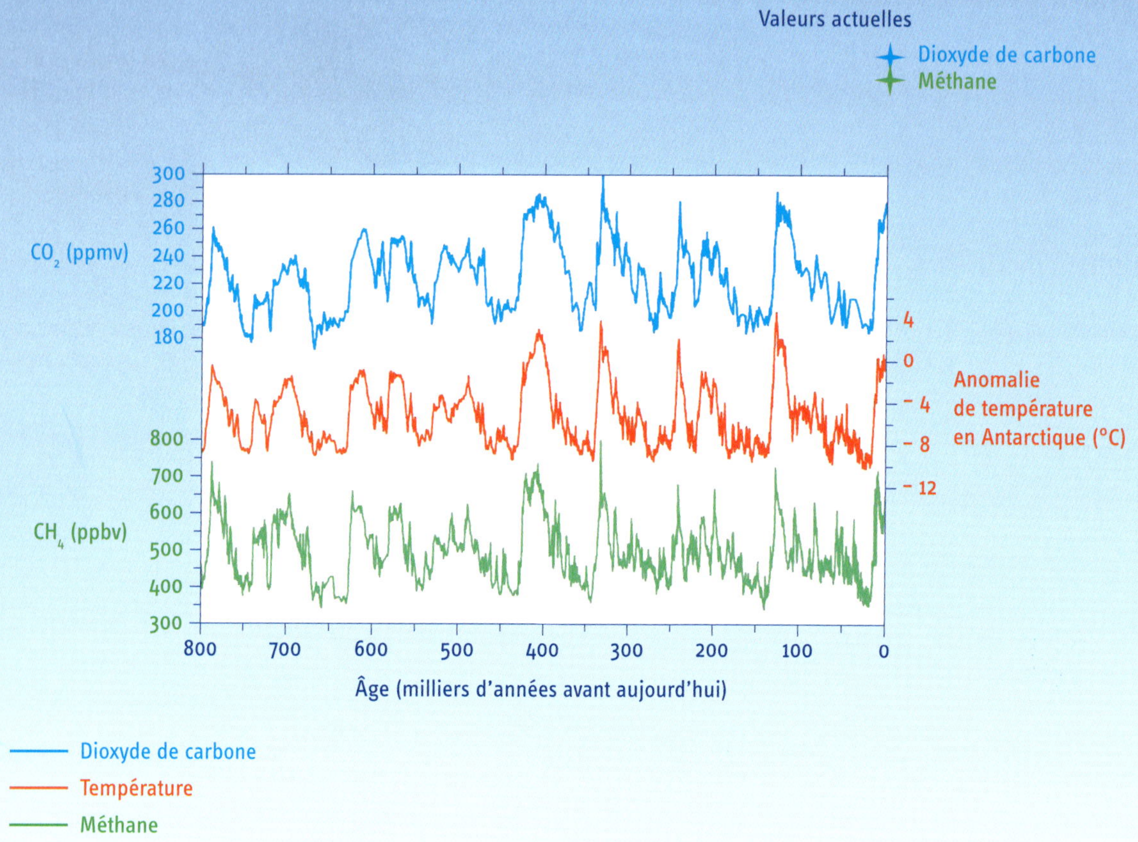

De même, des progrès récents dans le domaine de la mesure expérimentale du rapport $^{13}C/^{12}C$ du CO_2 piégé dans l'air de la glace, associés aux efforts de modélisation du cycle du carbone, offrent désormais la possibilité de séparer les parts du CO_2 émis par l'océan de celui provenant de la biosphère continentale (rappelons que le CO_2 atmosphérique échange avec l'océan et la biosphère continentale et qu'il est de plus alimenté aujourd'hui par les émissions provenant de la combustion des énergies fossiles – pétrole, charbon...). Chacune de ces sources a une signature différente en termes de $^{13}C/^{12}C$. La mesure de ce rapport du CO_2 atmosphérique, que ce soit directement dans l'atmosphère pour la période la plus récente ou dans l'air de la glace pour l'atmosphère passée, va donc être un précieux indicateur de l'origine des variations observées.

L'après-EPICA

L'aventure des forages glaciologiques aux pôles est-elle parvenue à son terme avec EPICA ? La réponse est non ! Cette science somme toute récente, mais qui a déjà contribué à de grandes découvertes, n'a en effet pas épuisé son potentiel. D'une part, de nouveaux traceurs deviennent accessibles grâce aux progrès technologiques et à notre connaissance accrue des cycles biogéochimiques. C'est ainsi que, depuis 2007, des chercheurs du LGGE de Grenoble ont découvert la possibilité de distinguer dans la glace les retombées d'éruptions volcaniques dont le panache a atteint la stratosphère, à plus de 15 km d'altitude, par rapport à d'autres éruptions plus locales dont l'impact radiatif fut bien moindre. Cette information va permettre de mieux évaluer le forçage radiatif dû aux éruptions volcaniques au cours du temps.

De même, la couverture spatiale des forages demeure extrêmement dispersée. Songez que sur un continent Antarctique grand comme vingt-cinq fois la France, seulement une dizaine de forages de plus de 1 000 m de profondeur ont pu être menés à bien au cours des quarante dernières années ! La communauté scientifique concernée s'est donc organisée sous la forme d'un nouveau programme : le Partenariat international pour la science des carottes de glace (International Partnerships in Ice Core Sciences, IPICS, en anglais). Ses objectifs pour les dix à vingt années à venir sont multiples :

• accéder en Antarctique à de la glace formée il y a 1,5 million d'années, afin de comprendre ce qui a conduit le climat terrestre à « pulser » de manière dominante tous les 100 000 ans depuis environ un million d'années, alors que cette pulsation était de 40 000 ans auparavant ; cette glace, si elle existe, permettra de déterminer si les niveaux moyens de GES dans l'atmosphère ont contribué à ce changement majeur ;

• documenter la variabilité climatique aux deux pôles, à l'échelle régionale (notamment entre les régions côtières et centrales des grands inlandsis), en focalisant plus particulièrement sur le dernier cycle climatique à haute résolution temporelle ; il s'agit là de mieux comprendre les liens entre la glace de mer, les circulations atmosphérique et océanique et les évolutions climatiques de différents secteurs de l'immense continent blanc ;

• obtenir enfin un enregistrement complet et fiable du dernier interglaciaire, il y a 130 000 ans, au Groenland ; cette période plus chaude qu'aujourd'hui d'environ 3 à 5 °C aux pôles a probablement vu la disparition partielle de la calotte de glace du Groenland, avec une élévation du niveau des mers d'environ 4 m, ce qui en fait une sorte d'analogue local de ce qui pourrait advenir au cours des prochains siècles ;

• étudier la variabilité climatique interannuelle sur les deux mille dernières années à partir d'un réseau de forage aussi bien aux pôles que sur les glaciers de montagne (lorsque cela est possible) ; il s'agit là de contribuer grâce aux carottes de glace à l'amélioration de la fameuse « crosse de Hockey » (la courbe de Keeling, voir page 24) décrivant l'évolution climatique des deux derniers millénaires. Un programme scientifique alléchant, susceptible de réjouir bien des chercheurs en herbe !

Ci-contre : carotte de 1 000 mètres de profondeur, dans la tranchée de forage, juste après son extraction, à Talos Dôme. Le forage TALDICE (Talos Dome Ice Core Project) devrait permettre de résoudre l'une des énigmes de la dynamique des climats durant la dernière transition glaciaire-interglaciaire, il y a plus de 10 000 ans. Et de trancher parmi les hypothèses relatives au lien entre les changements climatiques observés au Groenland et en Antarctique, actuellement expliqué par l'existence d'une bascule climatique entre les hémisphères nord et sud.

Ci-dessous : couche de cendres volcaniques emprisonnée dans les profondeurs glaciaires : un précieux repère chronologique.

En guise de conclusion : la leçon du passé

Certes, il est important de réaliser que les niveaux actuels des GES dans l'atmosphère ont été vraisemblablement inégalés au cours des derniers 800 000 ans. Mais en termes d'impact sur les systèmes naturels et socio-économiques, la vitesse à laquelle les changements se produisent est un paramètre plus important. Pour avoir accès à ce paramètre dans le passé, il faut avoir une bonne résolution temporelle des GES dans la glace. Cette condition est d'autant plus satisfaite que la glace est jeune et actuellement, on peut comparer avec confiance la vitesse à laquelle CO_2 ou CH_4 ont évolué dans l'atmosphère au cours des vingt mille dernières années. Dans le cas du CO_2 et du CH_4, leurs taux d'augmentation depuis le début du XXe siècle sont exceptionnellement élevés dans le contexte des vingt mille dernières années. Par exemple, aujourd'hui, les teneurs en CO_2 augmentent vingt fois plus vite que les taux d'augmentation les plus importants observés entre − 18 000 et − 10 000 ans, lors de la dernière déglaciation.

Le lien fort entre les variations du climat – singulièrement celles de la température – et les GES constitue la deuxième leçon à tirer des archives glaciaires. Certes, aujourd'hui, les émissions de CO_2 ou de CH_4 ne résultent pas en premier lieu du forçage astronomique et de ses effets rétroactifs sur les échanges entre les océans ou les continents et l'atmosphère, mais bien des émissions liées aux activités humaines, notamment à l'utilisation des énergies fossiles et à la déforestation pour le CO_2 ou aux pratiques agricoles (ruminants, rizières) et aux décharges pour le CH_4. En ce sens, les GES sont devenus des forçages au sens strict du terme, indépendants de l'évolution du climat. Néanmoins, l'essentiel de la leçon du passé réside dans le fait que les variations des GES et singulièrement celles du CO_2 ont pu largement influencer les grands changements climatiques du Quaternaire et que le climat est particulièrement sensible aux changements des concentrations atmosphériques en GES. Évidemment, la leçon est à retenir dans le contexte présent, et encore plus futur, de l'explosion de ces concentrations suite aux émissions anthropiques.

Pour l'avenir, plusieurs mécanismes naturels ayant joué un rôle dans le passé sont susceptibles d'amplifier l'augmentation du méthane due à l'activité humaine : l'intensification des moussons, notamment en Asie du Sud-Est, l'intensification de la méthanogenèse dans les tourbières boréales. De plus, le méthane a une durée de vie limitée dans l'atmosphère (actuellement de huit à neuf ans), essentiellement car il est éliminé en étant oxydé dans l'air. La durée de vie du CH_4 atmosphérique pourrait être sensiblement accrue dans le futur en raison d'une diminution de la capacité d'oxydation de l'atmosphère. Par exemple, la végétation, « fertilisée » par les teneurs croissantes en CO_2, émettrait certains éléments (des hydrocarbures non méthaniques) qui réduiraient la capacité oxydante de l'air et par conséquent augmenteraient la durée de vie du méthane et donc sa concentration.

Un autre acteur naturel ne doit pas être négligé dans le futur : les fameux hydrates de méthane, accumulés en quantités gigantesques dans les talus océaniques en marge des plateaux continentaux. En effet, même si les analyses du méthane sur les derniers 800 000 ans n'ont pas révélé de tels dégazages catastrophiques, on ne peut pas exclure leur occurrence dans des conditions où le réchauffement des eaux de fond en contact avec les sédiments océaniques se produirait plus rapidement que dans le passé. La déstabilisation des hydrates pourrait alors prendre une tournure très « brutale » et conduire l'essentiel du méthane ainsi libéré à traverser la colonne d'eau sans subir d'oxydation, et donc contribuer à un effet de serre additionnel. Une raison supplémentaire pour continuer les études du « gaz des marais ».

En ce qui concerne le cycle du CO_2, aujourd'hui, seule environ la moitié du CO_2 émis annuellement par les activités humaines reste dans l'atmosphère, l'autre moitié étant absorbée majoritairement par les océans mais aussi par la biosphère continentale. Mais en fait, on ne sait pas grand-chose du comportement de ces flux de carbone

sous des conditions différentes : en apprendre plus sera essentiel pour contraindre les simulations du futur. Comme évoqué plus haut, la découverte, il y a presque vingt ans, de l'importante augmentation du CO_2 atmosphérique durant un réchauffement glaciaire-interglaciaire a interrogé la communauté des géochimistes. Il est tout de suite apparu que le réservoir essentiellement responsable de ce stockage de carbone durant les périodes froides était l'océan. Vingt ans après, on possède une liste de mécanismes potentiels capables de rendre compte de l'augmentation glaciaire-interglaciaire observée du CO_2, mais on n'a toujours pas de scénario cohérent qui rende compte de l'ensemble des paléo-observations aussi bien dans le domaine du cycle du carbone océanique que dans celui de la biosphère continentale. Il est fort probable toutefois que l'océan circumantarctique a contribué très significativement à cette tendance en relarguant dans l'atmosphère du carbone stocké en profondeur. Les observations récentes d'un renforcement des remontées d'eaux profondes dans ce secteur de l'océan mondial constituent-elles les prémices d'un mécanisme similaire se mettant en place dans le contexte du réchauffement climatique ?

La géoingénierie envisage actuellement différents moyens d'« absorber » une partie du CO_2 émis par les activités humaines afin de stabiliser les concentrations atmosphériques. Une des voies proposées consiste à fertiliser certaines zones océaniques par insémination artificielle de fer à leur surface afin de stimuler l'activité du phytoplancton qui favorise le piégeage du CO_2 atmosphérique. Il existe aujourd'hui des doutes sérieux sur l'efficacité de la méthode. À ce sujet, il est intéressant de noter que les glaciologues ont depuis peu la possibilité de mesurer directement le fer véhiculé par l'atmosphère sous forme de poussières. Les concentrations en fer de l'atmosphère antarctique (mesurées sur la carotte EDC) des périodes glaciaires sont les plus élevées. Elles correspondent à des flux de dépôt dix fois plus importants durant les maxima glaciaires que durant les maxima interglaciaires. Néanmoins, les niveaux interglaciaires de fer sont atteints dès le milieu de la transition glaciaire-interglaciaire, alors que les niveaux du CO_2 atmosphérique continuent à grimper allègrement, ce qui suggère que l'effet de fertilisation du fer n'influence que faiblement le CO_2 atmosphérique, pour le moins dans les conditions d'une transition glaciaire-interglaciaire.

La banquise arctique,
sentinelle climatique
Jean-Claude Gascard

L'océan Arctique est entouré de continents – Sibérie, Russie et Scandinavie à l'est et Alaska, Canada et Groenland à l'ouest – et communique avec les autres océans par des détroits (Béring, Fram et Nares). Il comprend à la fois le pôle Nord géographique et le pôle Nord magnétique et il est caractérisé par un bassin profond au centre et des plateaux continentaux à la périphérie qui s'ouvrent de plus en plus à la navigation maritime en été (passages du Nord-Ouest et du Nord-Est). L'un de ses aspects les plus typiques est sa banquise permanente. C'est pourquoi on le nomme l'« océan glacial Arctique ». Cet océan est entré dans une phase de profonde mutation au cours de la dernière décennie, caractérisée notamment par un retrait très important de la banquise à la fin de l'été. C'est le premier exemple d'une évolution majeure, en cours, du système climatique de la Terre. Nous recherchons actuellement toutes les causes de cette évolution et ses conséquences possibles dans les années et les décennies futures sur notre environnement (notre habitat) et sur la biodiversité en général.

Peut-on prévoir et anticiper cette évolution et ses conséquences ? Dans quelle mesure pourra-t-on s'y adapter ? Pour répondre à ces questions, il est nécessaire de bien comprendre et de décrire précisément l'état actuel de la banquise arctique, son évolution et les causes de cette évolution, qui sont à rechercher simultanément dans l'océan, source et puits de la glace de mer, et dans l'atmosphère, responsable de la formation (gel) et de la destruction (fonte) de la glace.

Actuellement, la communauté internationale est mobilisée sur ce sujet dans le cadre de l'Année polaire internationale. Le projet intégré européen Damocles (Developing Arctic Modelling and Observing Capabilities for Long-term Environmental Studies) implique quarante-huit laboratoires dans dix pays européens plus la Russie et la Biélorussie et rassemble autour de lui une forte coopération internationale, avec les États-Unis (programme Search for Damocles), le Canada (réseau Arcticnet), la Chine (mission arctique Chinare 2008) et le Japon (Jamstec). Un effort sans précédent de collecte d'informations *in situ* et par satellites, de mise en œuvre de moyens logistiques importants (brise-glace, avions, bases polaires fixes et dérivantes : *Tara*, NP35, *Vagabond*, *Oden*), de développements de haute technologie et de remise à niveau des modèles pour assimiler les données a été entrepris. Il devrait conduire à une amélioration sensible de nos capacités à prévoir l'évolution de la banquise arctique dans les années et décennies à venir et, par conséquent, contribuer à rendre plus fiables nos prévisions des changements climatiques futurs et leurs conséquences.

Double-page précédente : arborescence de cristaux de glace de frazil sous la banquise.

Ci-dessous : vue aérienne de la banquise avec un chenal séparant deux plaques de glace. Le chenal est en train de regeler partiellement. Au centre de l'image, on distingue une crête de compression qui s'est formée à la limite de deux plaques.

La banquise arctique en profonde mutation

Pour décrire les mutations en cours en Arctique, nous devons au préalable expliquer comment se forment les glaces de mer et décrire les quatre paramètres principaux qui caractérisent la banquise arctique, tous en profonde évolution : l'étendue (ou concentration) saisonnière des glaces de mer et leur variabilité interannuelle et décennale, la distribution de leur épaisseur, leur vitesse de déplacement, leur état selon leur âge, leur pouvoir isolant et réfléchissant en présence ou non d'une couche de neige. En effet, la neige et la glace sont des matériaux isolants qui ont une conductivité thermique faible. Elles isolent donc en partie l'eau de l'air en réduisant les transferts de chaleur par conduction thermique entre l'océan et l'atmosphère.

Parallèlement, nous devons prendre en compte les paramètres qui caractérisent l'état de l'océan et de l'atmosphère, soumis au rayonnement solaire de courtes (UV : ultraviolet) et grandes (IR : infrarouge) longueurs d'onde, pour bien évaluer les transferts de chaleur verticaux et horizontaux à travers les diverses couches (couche d'inversion atmosphérique, couche halocline océanique) qui interagissent lors de la formation et de la disparition de la glace de mer. Lors de ces transferts, deux effets sont prépondérants : l'effet de serre, qui correspond au piégeage plus ou moins efficace du rayonnement solaire de grande longueur d'onde par les gaz à effet de serre concentrés dans l'atmosphère, et l'effet albédo, qui correspond au renvoi, par la glace recouverte ou pas de neige et les nuages, dans l'espace d'une partie plus ou moins importante du rayonnement solaire incident (nous y reviendrons).

Nous avons pu constater récemment que l'effet de serre est en Arctique l'effet perturbateur initial, qui force le système hors de son état d'équilibre, et que l'effet albédo est l'effet amplificateur, qui peut expliquer en grande partie l'intensification dans les régions arctiques du réchauffement climatique, deux à trois fois plus important aux pôles qu'à l'équateur.

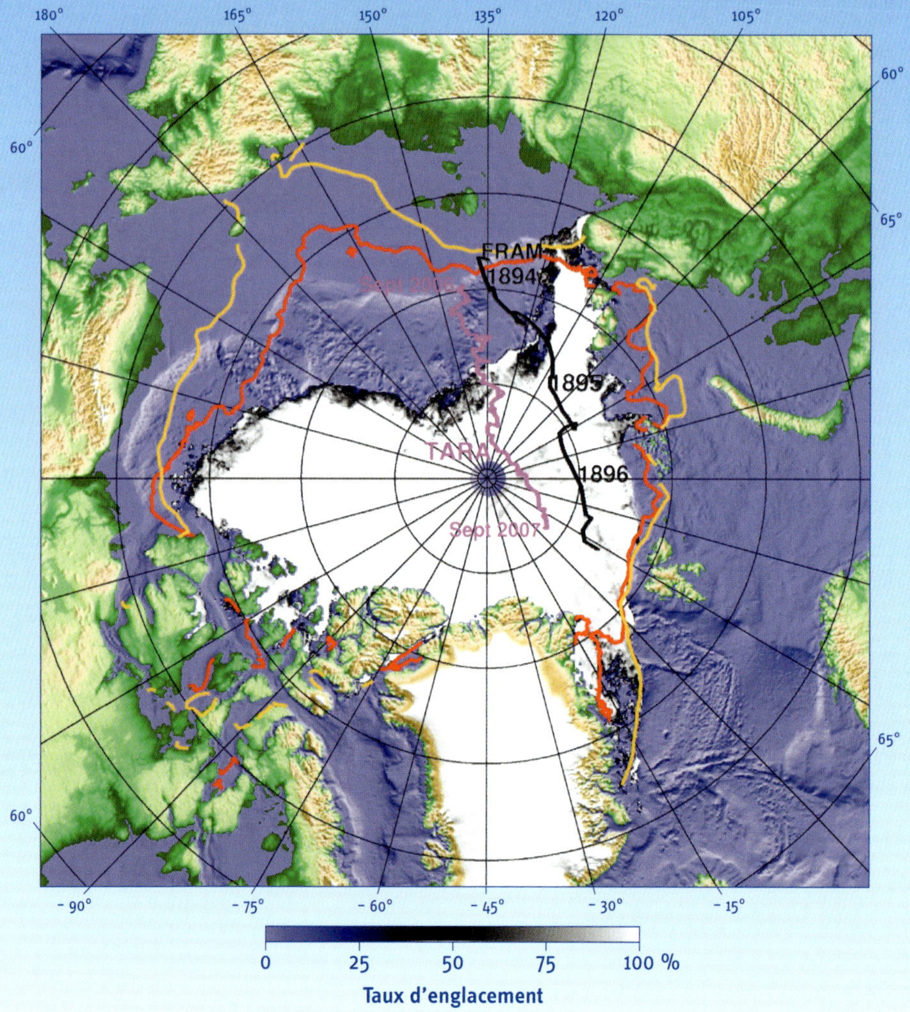

orange : sept. 1979-1983 SMMR Bootstrap 50 % taux d'englacement
rouge : sept. 2002-2006 AMSR-E ASI 50 % taux d'englacement

À gauche : extension de la banquise arctique (4 millions de kilomètres carrés) à la fin de l'été 2007 (septembre), qui montre un retrait spectaculaire d'environ 1,5 million de kilomètres carrés par rapport au précédent record, observé en septembre 2005. Les tracés orange et rouge représentent les limites de la banquise (définies par une concentration de glaces de mer de 50 %) pour les mois de septembre 1979 à 1983 et de septembre 2002 à 2005, respectivement. Les trajectoires noire et pourpre représentent les dérives du navire norvégien *Fram* (1893-1896) et de la goélette *Tara* (2006-2007), respectivement. Ces observations ont été réalisées à partir d'un radiomètre micro-onde à balayage (Advanced Microwave Scanning Radiometer AMSR) monté sur satellite et qui fournit des images quotidiennes de l'état de la banquise.

Ci-contre : vue satellite de l'étendue de la banquise arctique en septembre 2005 (en haut) et en septembre 2007 (en bas). On remarque bien que le célèbre passage du Nord-Ouest, dans l'archipel canadien, est totalement ouvert sur toute sa longueur.

La banquise de l'océan glacial Arctique s'étend sur près de 14 millions de kilomètres carrés en hiver et se réduit de moitié en été, voire des deux tiers comme nous avons pu le constater récemment (voir la figure page précédente). La saison d'hiver correspond à la période de formation des glaces de mer; elle court de septembre à mai (huit mois environ). La saison d'été, deux fois plus courte, correspond à la période de fonte des glaces de mer, de mai à septembre (quatre mois environ). C'est en septembre que la banquise arctique atteint son extension minimale. Une partie des jeunes glaces qui se sont formées au cours de l'hiver fondent au cours de l'été suivant. L'autre partie, qui a résisté à la fonte d'été, devient de la glace de deuxième année et vient s'ajouter aux glaces plus anciennes encore pour former ce que l'on appelle les « glaces pluriannuelles », ou « glaces pérennes », que l'on ne trouve qu'en océan Arctique.

La banquise antarctique, qui couvre environ 20 millions de kilomètres carrés en hiver, fond presque complètement en été et est donc presque uniquement composée de jeunes glaces de l'année. Cette différence tient au fait que l'eau de surface antarctique, sur laquelle flotte la glace de mer et à partir de laquelle elle se forme, est beaucoup plus salée que l'eau de surface arctique. Cela est dû aux apports en eau douce des fleuves qui se déversent dans l'océan Arctique, celui-ci recevant environ 10 % des eaux d'origine fluviale de toute la planète. Pour un refroidissement comparable, généré par de l'air froid en hiver, la glace de mer arctique se forme plus précocement sur une eau de mer moins salée que l'eau de surface de l'océan Antarctique car plus la salinité est élevée, plus la température de congélation est basse. Pour la même raison, en été, la glace de mer arctique fond plus tardivement que la glace de mer antarctique. En Arctique comme en Antarctique, les glaces de mer de l'année peuvent atteindre des épaisseurs de 2 m au plus. Les glaces de mer pluriannuelles sont plus épaisses (3 m au moins) car elles résultent de plusieurs hivers successifs.

Au cours des vingt dernières années, nous avons observé une diminution très importante de l'épaisseur moyenne des glaces de mer, qui est passée de plus de 3 m en moyenne vers les années 1970 à moins de 2 m au milieu des années 1990. Cela est principalement dû au fait que les hivers sont de moins en moins rigoureux et que les glaces pluriannuelles ont tendance à disparaître et à laisser la place aux glaces jeunes de l'année. Nous pouvons assez simplement calculer l'épaisseur maximum atteinte par la jeune glace en cumulant tout au long de l'hiver, jour par jour, le nombre de degrés de gel en dessous du point de congélation, qui est de − 1,7 °C pour une eau de mer dont la salinité est de 35 g de sel par litre. Des étés plus longs succédant à des hivers moins froids, nous avons noté au cours des vingt dernières années une perte de 1 500 degrés de gel-jour cumulés sur toute la période hivernale, qui dure environ 250 jours (voir la figure ci-contre), ce qui se traduit par une réduction d'épaisseur moyenne de la banquise arctique de 1 m environ.

En fait, la banquise est un milieu très chaotique car l'épaisseur des glaces de mer ne dépend pas seulement de phénomènes thermodynamiques mais aussi de phénomènes mécaniques et dynamiques de déformation du matériau glace, qui possède une certaine plasticité et sur lequel s'appliquent des contraintes imposées par des plaques qui dérivent et s'entrechoquent : c'est la tectonique des glaces. Sous l'effet de la pression qu'une plaque exerce sur une autre, la banquise se déforme et se disloque pour former des crêtes de compression pouvant attendre plusieurs dizaines de mètres de hauteur. On caractérise en fait l'épaisseur des glaces de mer par une fonction de probabilité de distribution d'épaisseur dans un espace donné et de son évolution en fonction du temps.

Nombre de degrés de gel-jour cumulés sur la période septembre-mai en 1986-1987, 1994-1995, 2005-2006 et 2006-2007. Ce nombre est directement proportionnel à l'épaisseur de la glace de mer. On remarque une perte de 1 500 degrés de gel-jour cumulés sur environ 250 jours entre 1986 et 2006 (petite précision : sur la légende de couleur, en bas de la figure, le rouge représente du froid, soit 8000°C de gel cumulés, équivalant à –40 °C pendant 200 jours).

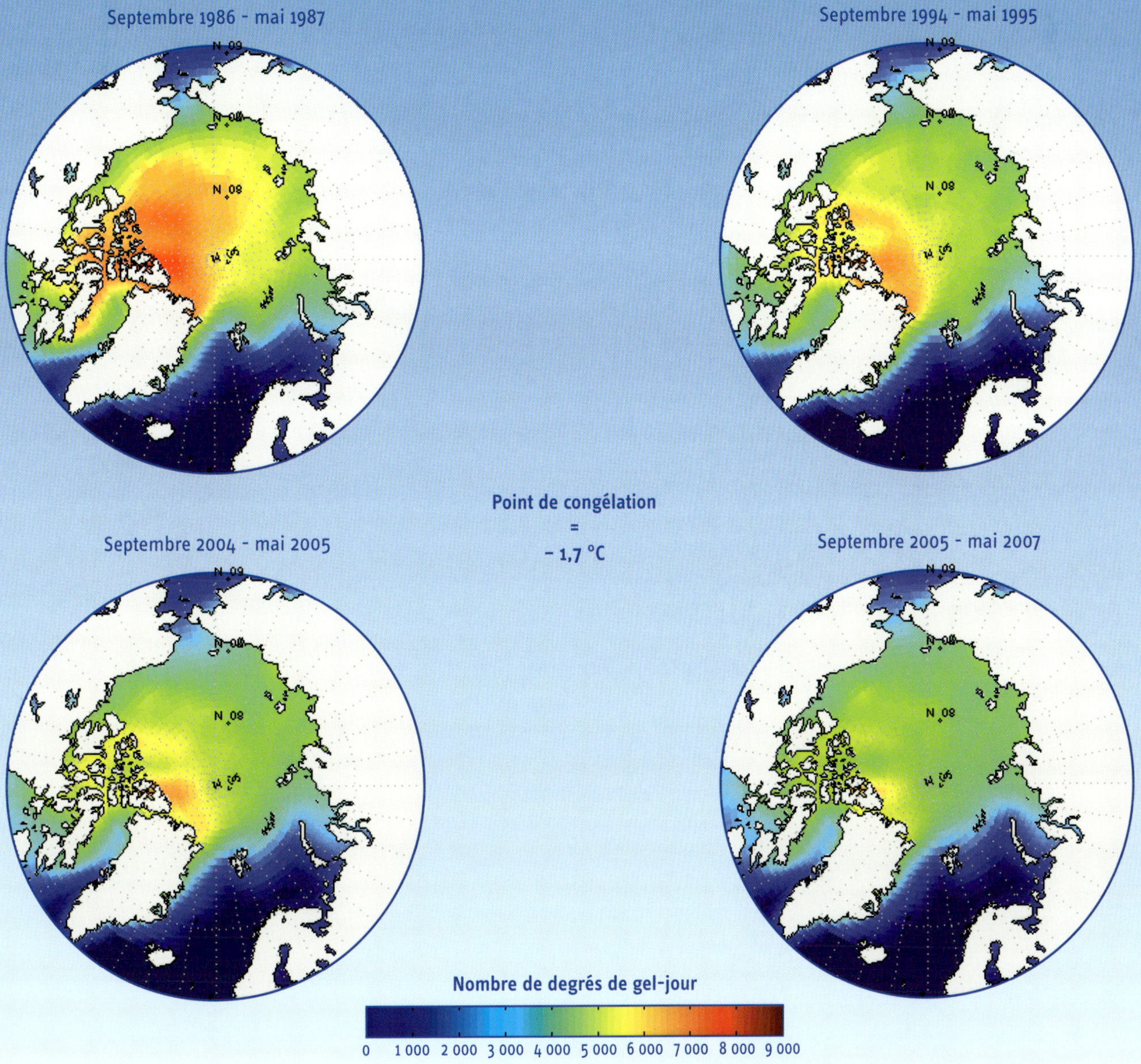

Le navire *Tara* en pleine nuit polaire. On remarque la formation de crêtes de glace (dites « crêtes de compression ») ; la surface ondulée de la banquise traduit une dynamique de type tectonique : les plaques de glaces de mer s'affrontent et s'entrechoquent, se déformant et se disloquant.

Il ne faut pas confondre banquise et glacier. Les glaces « continentales » de l'Antarctique et du Groenland résultent d'une accumulation de neige qui se transforme en glace sous le poids de la couche neigeuse tandis que la banquise est le résultat du gel de l'eau de mer. En hiver, la banquise se recouvre d'une mince couche de neige qui fond totalement dès le début de l'été. Cette couche de neige a cependant une grande importance, d'une part parce qu'elle renforce le pouvoir d'isolant thermique de la glace de mer et d'autre part parce qu'elle augmente le pouvoir d'albédo de la glace de mer. Déjà évoqué, celui-ci caractérise le pouvoir réfléchissant de la surface qui renvoie dans l'espace une partie du rayonnement solaire incident et absorbe l'autre partie de ce rayonnement pour le transformer en chaleur (infrarouge). La glace de mer a un albédo très élevé, de l'ordre de 0,8, surtout lorsqu'elle est recouverte de neige (0,9). L'océan a un albédo très faible (0,2). La glace de mer peut renvoyer dans l'espace 80 % de l'énergie reçue du Soleil alors que l'océan absorbe 80 % de cette énergie et la transforme en chaleur. Moins il y a de glaces de mer, plus l'océan se réchauffe, surtout en été lorsque le Soleil est au-dessus de l'horizon 24 heures sur 24. Toute cette chaleur accumulée dans les couches superficielles de l'océan doit être

ensuite évacuée par l'atmosphère au cours de l'automne suivant pour que les eaux atteignent à nouveau le point de congélation et que la nouvelle banquise puisse se reformer. La reprise en glace de l'océan Arctique peut ainsi être retardée de plusieurs semaines. Ceci explique aussi en partie la diminution d'épaisseur des glaces de mer, leur fragilité à résister à la fonte estivale et finalement leur étendue de plus en plus limitée à la fin de l'été.
Au début des années 1970, la banquise arctique couvrait effectivement 8 millions de kilomètres carrés à la fin de l'été (6 millions de kilomètres carrés de vieilles glaces et 2 millions de kilomètres carrés de jeunes glaces) mais en septembre 2007, il ne restait plus que 4 millions de kilomètres carrés de banquise arctique, composée d'environ 3 millions de kilomètres carrés de glaces anciennes et 1 million de kilomètres carrés de glaces de l'année. Entre mars 2007 et mars 2008, nous avons observé une diminution de 1 million de kilomètres carrés de la surface de glaces pluriannuelles en Arctique. Ces glaces se concentrent en majeure partie au large des côtes du Groenland et du Canada, couvrant un domaine d'environ 800 km de large et 4 000 km de long, du détroit de Fram jusqu'à l'Alaska, soit 3 millions de kilomètres carrés environ (voir la figure ci-contre).
Toutes ces glaces de mer arctiques se déplacent sans cesse, été comme hiver, en suivant deux voies très distinctes. L'une correspond au giratoire anticyclonique (sens des aiguilles d'une montre) de Beaufort, situé dans la mer de Beaufort, au nord du Canada et de l'Alaska, l'autre à la dérive transpolaire, qui entraîne les glaces de mer du nord de la Sibérie vers le Groenland et le détroit de Fram. C'est en passant ce dernier que les glaces de mer sortent de l'Arctique définitivement.

Tara et l'étude du système climatique arctique

L'évolution majeure en cours en Arctique est notamment caractérisée par la vitesse de dérive des glaces de mer, qui tend à s'accélérer, et concerne en particulier (mais pas seulement) celle de la dérive transpolaire, dans laquelle s'est trouvée emprisonnée la goélette *Tara* en septembre 2006 avec l'aide du brise-glace russe *Kapitan Dranitsyn* dans le cadre du projet européen Damocles et du projet américain Nabos. Ce projet de dérive transpolaire s'inspirait de l'exploit réalisé par l'explorateur norvégien Fridtjof Nansen et ses équipiers à bord du *Fram* entre 1893 et 1896. *Tara* a presque les mêmes mensurations que le *Fram* (36 m de long et 10 m de large), mais une grande différence les distingue : le tirant d'eau de *Tara* est deux fois plus faible que celui du *Fram* et son tonnage (200 t) quatre fois moindre. Pris dans des crêtes de compression à plusieurs reprises comme cela était prévisible, *Tara* s'est comporté de façon remarquable, échappant à la pression des glaces comme un noyau d'olive pressé entre deux doigts, ce que le *Fram* pouvait difficilement faire avec son tirant d'eau beaucoup plus important. Contrairement au *Fram*, évacué à deux reprises sous la pression des glaces,

Distribution des glaces anciennes plus épaisses (jaune-orangé) par rapport aux glaces de l'année (bleu-vert) déduite du signal de rétrodiffusion d'un diffusiomètre installé sur le satellite américain *Quickscat*. L'image du 3 mai 2002 comparée à celle du 30 avril 2002 permet aussi de déduire le déplacement des glaces de mer pendant cette période de trois jours. Le signal de rétrodiffusion est très différent selon que la glace de mer a survécu à un premier été et subi une fonte partielle qui change radicalement la structure des cristaux qui forment la glace de mer de seconde année.

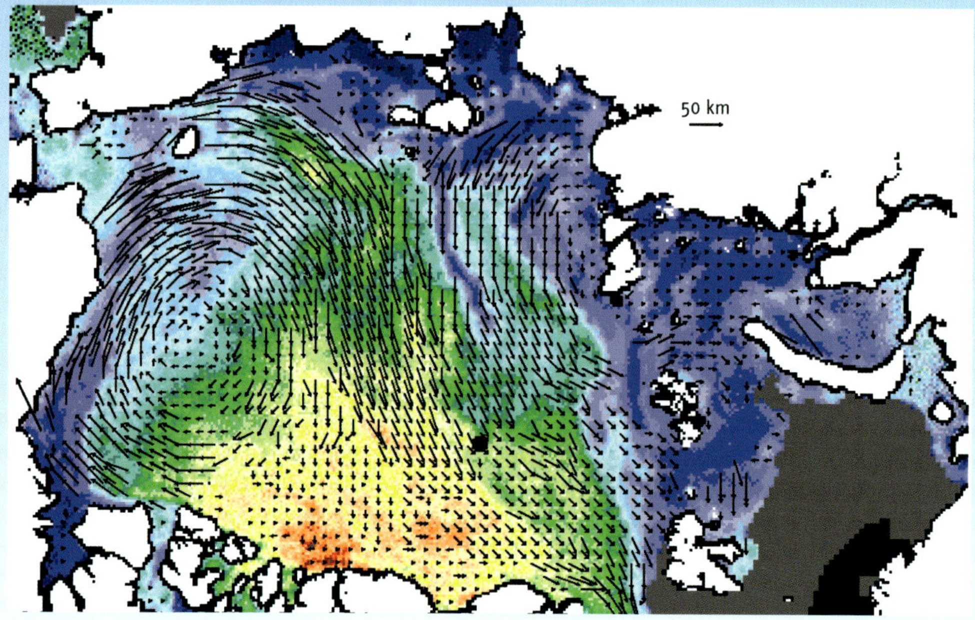

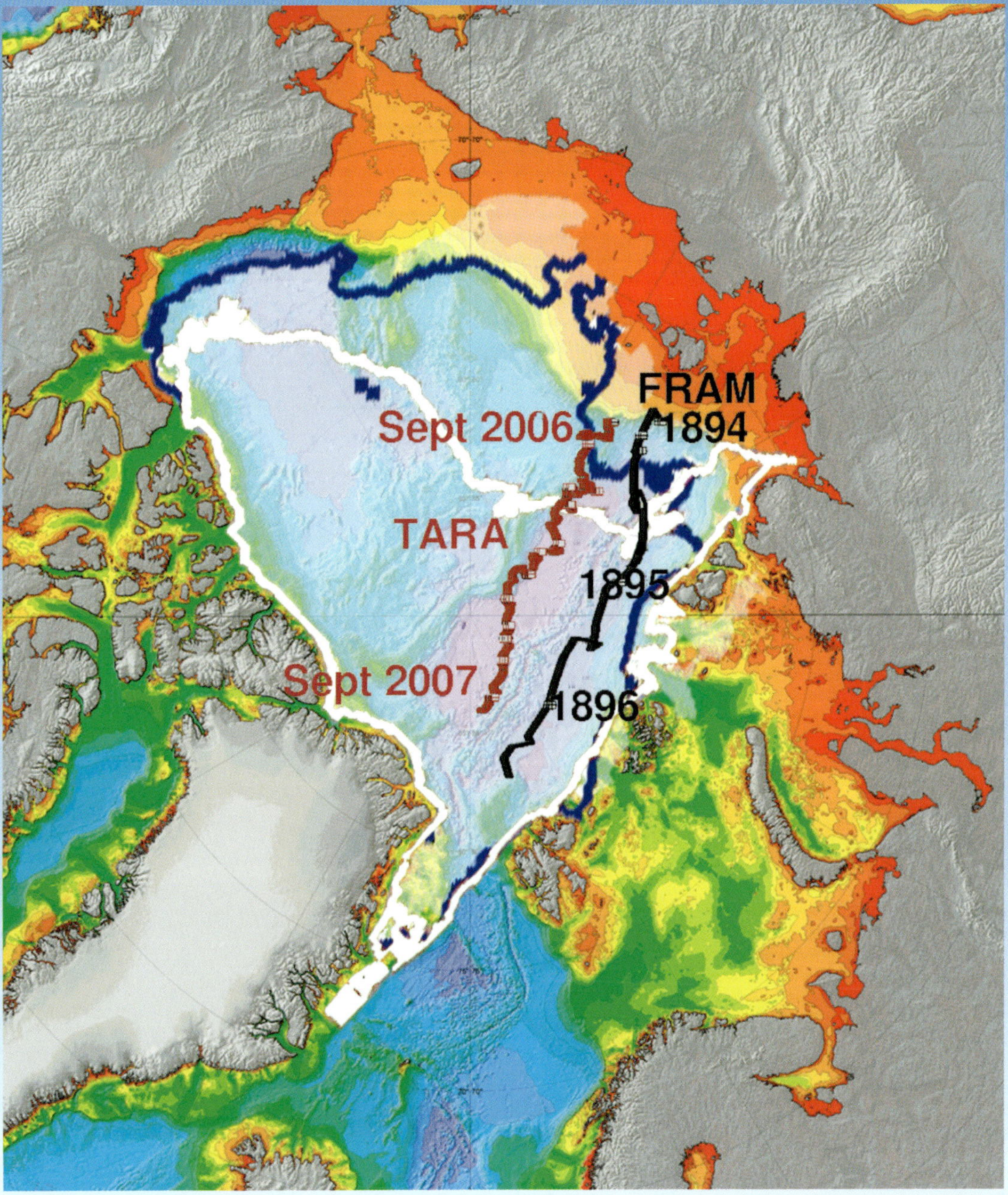

Dérive de *Tara* de septembre 2006 à septembre 2007 comparée à la dérive du *Fram* entre 1893 et 1896. *Tara* a dérivé trois fois plus rapidement que le *Fram* et s'est approché à environ 150 km du pôle Nord géographique. La dérive du navire norvégien est représentée en noir, celle de la goélette *Tara* en rouge ; la lisière de la banquise en septembre 2005 et en septembre 2007 est indiquée en bleu et en blanc, respectivement.

Tara n'a jamais dû être évacué. Mais plus de cent ans après Nansen, il ne s'agissait plus de partir à la découverte du pôle Nord – ce qui était le but de Nansen –, mais de partir à la découverte de la machine qui régule (ou dérégule) le climat de l'Arctique et dicte le régime saisonnier des glaces de mer, leur formation et leur disparition entre l'hiver et l'été en prenant en compte la basse atmosphère et l'océan superficiel (les premiers 1 000 m au-dessus et en dessous de la glace). Comme il s'agissait bien de comprendre les facteurs conduisant à une transformation profonde du système climatique en Arctique, il était nécessaire pour les chercheurs de s'installer à bord d'une nacelle dérivante, un peu comme on envoie des satellites dans l'espace, et *Tara* s'apparente à la navette spatiale de Damocles. Sur son « orbite » transpolaire, *Tara* nous a permis d'effectuer des observations continues, hiver comme été, des paramètres physiques qui caractérisent principalement la glace de mer, la basse atmosphère, l'océan superficiel et le rayonnement solaire (UV et IR). Ces paramètres conditionnent le cycle de formation et de disparition des glaces de mer. Des profils dans l'atmosphère jusqu'à 1 500 m d'altitude, dans l'océan jusqu'à 1 000 m de profondeur au moins (quelquefois jusqu'au fond de l'océan) et à travers les quelques mètres de glace, ont pu être réalisés par les chercheurs de Damocles grâce à la présence de *Tara*. Des découvertes intéressantes ont pu être faites en plein hiver sur les mécanismes de formation d'une forme de glace de mer que l'on appelle « frazil », qui se forme à partir d'une eau de mer super-refroidie à une température légèrement inférieure à son point de congélation atteinte après contact avec l'atmosphère froide, mais qui reste à l'état liquide. Les premiers explorateurs (F. Nansen, Zubov, etc.) qui ont observé ce phénomène sans pouvoir l'expliquer ont appelé cette glace, « glace profonde », car elle se forme vers 20 à 30 m de profondeur et non pas en surface.

De l'eau de mer à la banquise

Il est très important de comprendre que la glace de mer ne se forme pas comme la glace d'un lac d'eau douce. Le seul point commun est qu'au moment du passage de l'état liquide à l'état solide, la densité de l'eau de mer comme celle de l'eau douce décroissent brutalement à cause de l'expansion volumique au changement de phase liquide-solide. C'est pour cette raison que les glaces de mer et les glaces d'eau douce flottent sur l'eau. Mais la phase qui précède la formation de la glace de mer est très différente de celle qui précède la formation de la glace d'eau douce. En effet, en refroidissant, l'eau douce passe par un maximum de densité à 4 °C. C'est pour cette raison que les eaux les plus lourdes qui s'accumulent au fond des lacs par gravité ont une température de 4 °C. De 4 °C, son maximum de densité, à 0 °C, sa température de congélation, l'eau douce devient de plus en plus légère. Un lac se trouve donc dans un état de grande stabilité, comme au repos, au moment où la glace se forme en surface. L'océan se comporte de manière très différente, voire opposée. La densité de l'eau de mer ne cesse de croître en se refroidissant jusqu'à atteindre sa température de congélation (vers – 1,7 °C pour une eau de salinité moyenne de 35 g de sel par litre d'eau). Cette physique de base a des conséquences majeures pour expliquer et comprendre ce qui accompagne la formation de la banquise.

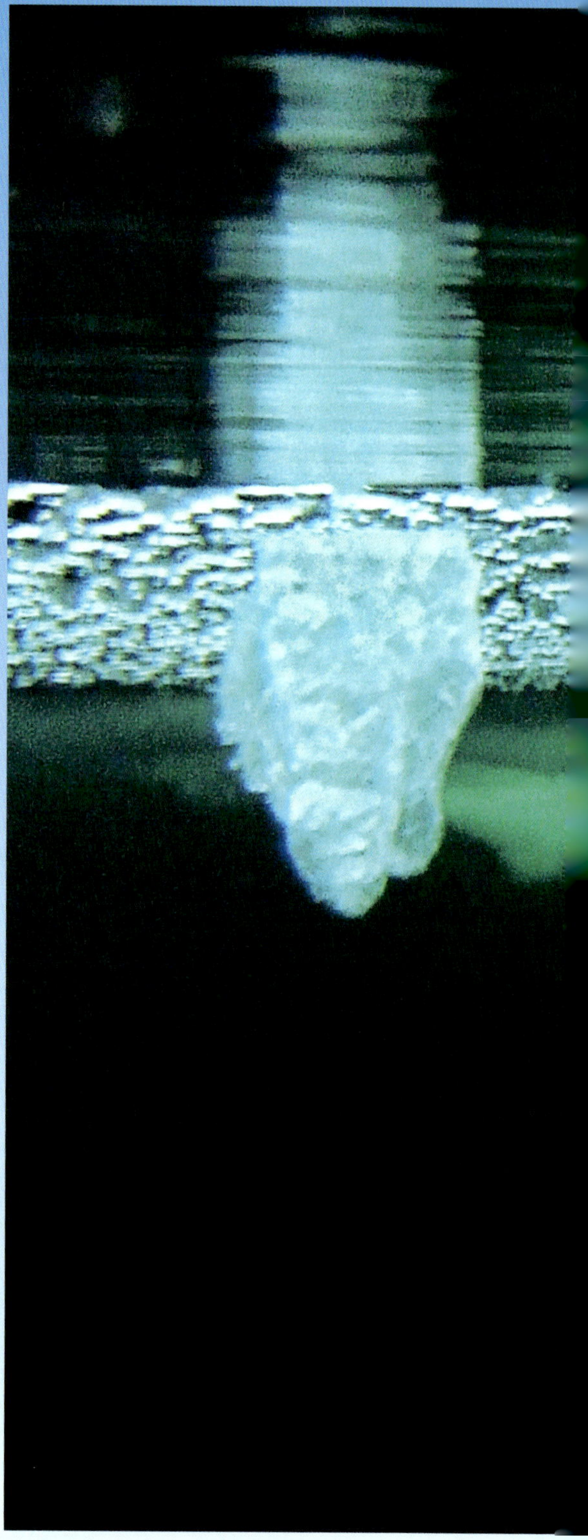

Roses de glace sous la banquise. Ces concrétions sous-marines, spécifiques à la région du pôle Nord, sont dues au mélange de l'eau océanique avec les différentes superpositions de la glace.

1. Lors du refroidissement, l'eau de mer est entraînée dans des mouvements perpétuels de convection dans ce que l'on appelle la « couche de mélange », qui va de la surface jusqu'à 20 ou 30 m de profondeur. Là se trouve une barrière de densité, la « pycnocline », qui sépare les eaux relativement douces et légères de surface des eaux plus salées et denses des profondeurs. Il s'agit donc aussi d'une barrière de salinité, que l'on appelle « halocline ». Les particules exposées au froid lors du contact avec l'atmosphère s'alourdissent constamment en se refroidissant et plongent en profondeur sous les particules plus légères qui, elles, remontent en surface pour être exposées à l'air froid à leur tour, et ainsi de suite…

2. De cette manière, l'eau de mer peut dépasser légèrement le point de congélation et plonger jusqu'au niveau de l'halocline sans se transformer en glace. En plongeant, la pression qui s'exerce sur la particule fluide augmente et maintient la parcelle d'eau super-refroidie hors gel.

3. En profondeur (sous pression), la parcelle d'eau super-refroidie peut subir une diminution de pression sans échange de chaleur avec l'extérieur (détente adiabatique) qui peut être liée à des passages de dépressions atmosphériques en surface ou à des mouvements verticaux que l'on appelle « ondes internes » et qui sont très fréquents dans l'océan superficiel au niveau de la pycnocline. Cette détente adiabatique sur une parcelle super-refroidie (température légèrement inférieure au point de congélation) peut déclencher la formation de frazil.

4. Au moment du passage de la phase liquide (eau) à la phase solide (glace), les cristaux de glace qui se forment vers 20 ou 30 m de profondeur acquièrent une très forte flottabilité et remontent en surface après avoir libéré une grande partie des sels contenus dans l'eau de mer qui précipitent sous forme de saumures (*brines*) très salées et très froides. Ce double phénomène est très efficace pour renforcer l'halocline froide et peu profonde, très caractéristique de la structure superficielle de l'océan Arctique et très importante pour comprendre les échanges de chaleur entre la glace et l'océan. L'halocline froide et peu profonde protège la glace d'une fonte prématurée en été en maintenant une couche froide et peu salée en surface.

Quelle évolution pour la banquise ? Quelles conséquences pour la planète ?

S'agissant des modèles, il est très surprenant de constater qu'aucun modèle numérique de prévision de l'état actuel de la banquise arctique n'ait été capable de nous prévenir du recul spectaculaire des glaces de mer qui, en septembre 2007, ne couvraient plus que 4 millions de kilomètres carrés, à comparer aux 5,5 millions de kilomètres carrés atteints lors du record précédent, en septembre 2005 (voir page 143 et ci-contre). L'explication principale de cette imprévision vient du fait que nous manquons cruellement d'observations de la basse atmosphère, de l'océan superficiel et de la distribution des épaisseurs des glaces de mer de l'océan Arctique. Le projet Damocles a donc été conçu pour pallier ce manque d'informations. Un vaste réseau de stations dérivant avec la banquise et de stations mouillées au fond de l'océan, effectuant des relevés automatiques de température dans l'eau, la glace et l'air, a été déployé à travers un large domaine de l'Arctique allant de la Sibérie au Canada et à l'Alaska et du détroit de Béring au détroit de Fram. Des mesures des vents et des courants, de salinité et d'humidité ont été effectuées quasiment en permanence, en complément des relevés satellitaires qui couvrent tout l'Arctique pour mesurer l'extension, la concentration et les mouvements de la banquise. Un développement très poussé de haute technologie a été entrepris dans le cadre de Damocles pour mettre en œuvre de nouvelles techniques, telles que des planeurs (*gliders*) sous-marins, des flotteurs équipés de sonars à visée verticale (vers le haut) pour mesurer l'épaisseur (ou plus exactement les distributions d'épaisseur) des glaces de mer. La propagation acoustique sous la glace est bien souvent le seul moyen de transmettre des informations et est donc très utilisée par les chercheurs du projet Damocles. Une quinzaine d'entre eux ont pu ainsi profiter directement de la « navette spatiale » *Tara* lors de sa dérive transpolaire et se trouver aux premières loges pour conduire des observations inédites. Pour cela, il a fallu mettre en place et en œuvre une logistique aérienne constituée d'avions munis de skis capables d'atterrir sur la banquise près de *Tara*, qui se trouvait près du pôle Nord géographique en avril 2007, à environ 1 400 km de la base de Longyearbyen au Spitzberg. Reste que la dérive de *Tara* a été deux fois plus rapide que la dérive du *Fram* il y a plus d'un siècle (voir la figure page 149) et trois fois plus rapide que celle prévue par les estimations, fondées sur des statistiques issues de vingt ans d'observation de la dérive des glaces arctiques (programme IABP : International Arctic Buoy Project) mais qui ne s'appliquent plus aux nouvelles conditions.

Quelles pourraient être les conséquences d'une disparition de la banquise arctique en été ? En premier lieu, on peut s'attendre à un réchauffement de l'océan Arctique et donc de l'atmosphère à son contact avec un effet immédiat sur le bilan de masse des glaces continentales stockées sur l'inlandsis groenlandais qui, pour mémoire, contient assez de glace pour faire monter le niveau des mers de 7 m environ si toute cette glace d'eau douce venait à fondre. Actuellement, l'élévation observée du niveau des mers est de 3 mm par an environ et est principalement due à une dilatation de l'océan liée à son réchauffement. En ce qui concerne le Groenland, nous enregistrons une fonte accélérée de la glace à sa périphérie et une accumulation des précipitations neigeuses en son centre, liées à un changement de la circulation atmosphérique de l'hémisphère Nord et du cycle hydrologique. La fonte des glaciers semble avoir un impact direct sur leur dynamique d'écoulement, qui s'accélère non seulement parce que l'eau de fonte contribue à lubrifier l'écoulement glaciaire mais aussi parce que la pente des glaciers s'accentue. Nous pouvons également nous attendre à un effet direct sur la circulation océanique de l'afflux d'eau douce provoqué par une fonte importante de l'inlandsis groenlandais. En effet, le Groenland est bordé par les mers du Groenland à l'est et la mer du Labrador à l'ouest, deux sites connus pour être le siège de phénomènes de convection profonde, un mécanisme essentiel à la progression vers les régions polaires des masses d'eau océanique qui se sont réchauffées au passage de l'équateur

Surface couverte par la banquise
en fin d'été (Septembre) depuis 1950
en millions de km²

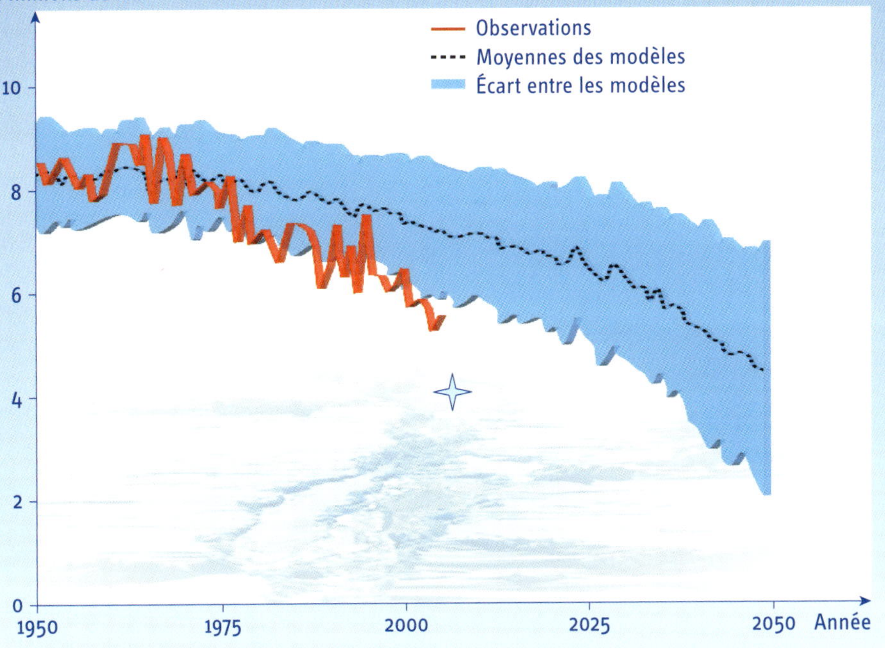

En rouge, l'extension, en millions de km², de la banquise arctique à la fin de l'été, de 1950 à 2007. L'étoile au centre du graphique représente la situation en septembre 2007. En bleu sont indiquées les prévisions de l'extension de la banquise au minimum de l'été des modèles climatiques de l'IPCC/GIEC, pour les périodes allant de 1950 à 2050. On constate le décalage important dans le temps entre les prévisions des modèles et les observations, bien que tous les modèles de prévision prévoient aussi un retrait de plusieurs millions de km² de la banquise arctique dans les décennies à venir.

Au-dessus de leurs palmes, la banquise et la lumière. Au-dessous de leurs masques, le grand noir de l'océan glacial Arctique avec ses 4000 m de profondeur : ces plongeurs s'offrent un voyage « sur une autre planète ».

et pendant leur séjour dans les régions tropicales et subtropicales. Progressant vers le nord, telles les eaux du Gulf Stream, ces masses d'eau se refroidissent en cédant de la chaleur à l'atmosphère, ce qui augmente leur densité jusqu'au point où elles sont entraînées vers le fond de l'océan par convection et retournent vers la chaudière équatoriale pour capter à nouveau de la chaleur, et ainsi de suite. On appelle cette boucle (ou cellule) de circulation le « tapis roulant » (*conveyor belt*) et la circulation océanique associée la « circulation thermohaline ». Un afflux d'eau douce dans les sites de convection des mers du Groenland et du Labrador aurait pour conséquence d'adoucir les masses d'eau d'origine subtropicale, qui se refroidiraient mais qui, du fait de la diminution de salinité par mélange avec les eaux douces, ne pourraient plus atteindre la densité leur permettant de plonger avant d'atteindre le point de congélation et de se transformer en glace. La *conveyor belt* s'en trouverait affectée, ce qui ralentirait très fortement la montée des eaux atlantiques chaudes et salées vers le nord et donc le transport associé de chaleur océanique de l'équateur vers les pôles, car l'effet « appel d'eau » lié à la plongée des eaux profondes serait atténué. Cela se traduirait par un impact très significatif sur le climat du nord et de l'ouest de l'Europe lié à une diminution de l'effet Gulf Stream sur l'Atlantique Nord et, par conséquent, par un climat sous influence océanique moins prononcé et donc moins tempéré que celui que nous connaissons actuellement.

La destruction de l'ozone : d'un pôle à l'autre

Susan Solomon et Marie-Lise Chanin

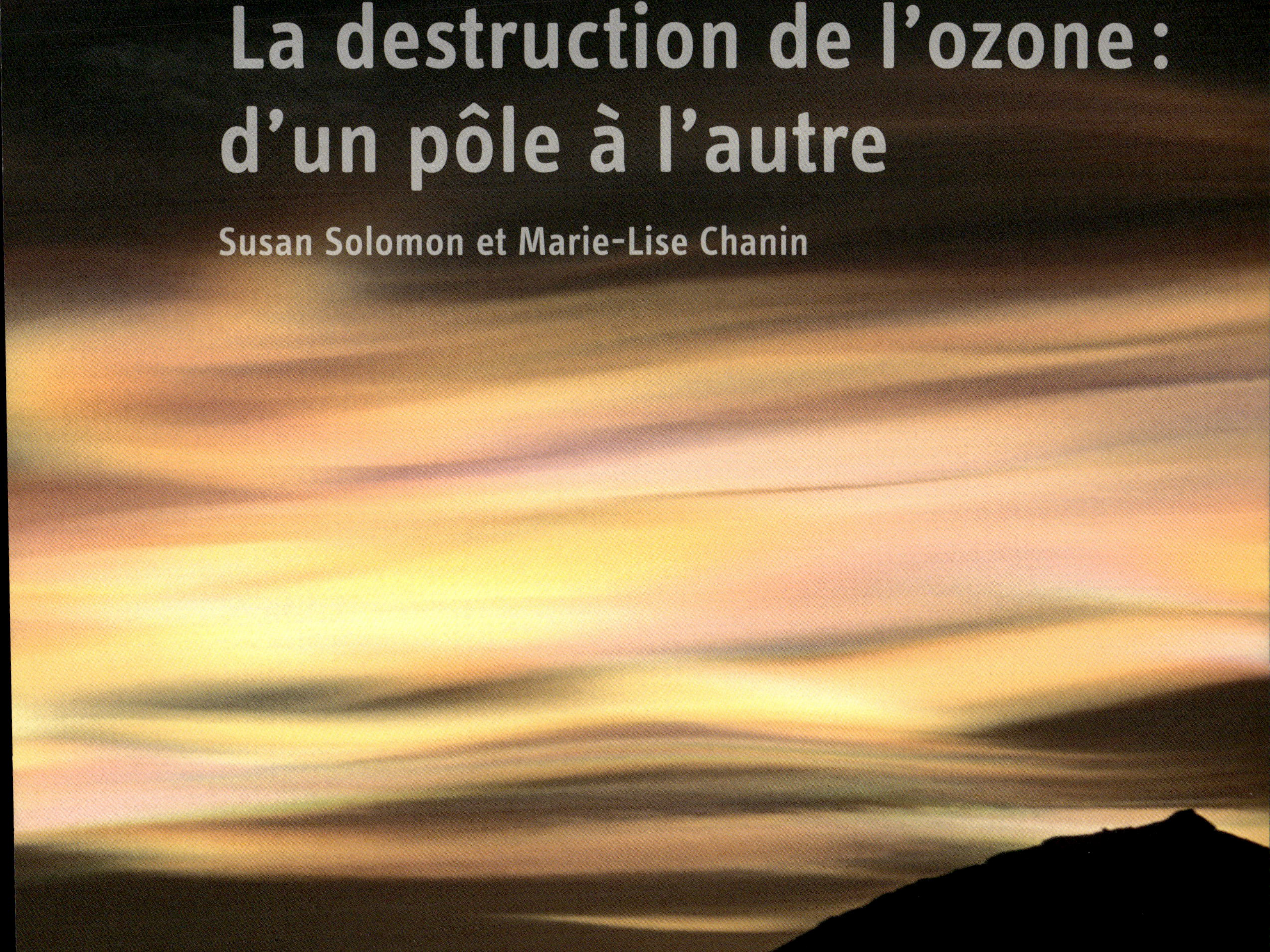

C'est au milieu du XIXe siècle que, dans son laboratoire de Bâle, Christian Friedrich Schönbein fait état pour la première fois d'une odeur âcre très caractéristique dégagée lors de ses expériences sur l'électrolyse de l'eau. Une odeur qu'il avait déjà sentie lorsque, étant jeune, il avait été le témoin de la chute de la foudre sur le clocher de l'église de son village. Cette odeur, le chimiste l'attribue à une substance chimique inconnue qu'il nomme « ozone ». L'annonce de sa découverte pique l'intérêt de plusieurs savants de son époque – notamment Arago, Becquerel et Frémy en France, ou Faraday en Angleterre – et de plusieurs sociétés savantes dont l'Académie des Sciences. Dans sa lettre à Schönbein de 1847, Berzelius n'hésite pas à qualifier la découverte de l'ozone comme l'une des plus importantes de la chimie. Mais cette découverte soulève aussi de nombreuses interrogations quant à la nature exacte de l'ozone. C'est Soret qui, en 1863, déterminera la nature chimique de l'ozone faite de trois atomes d'oxygène et le caractérisera par sa formule O3. Il faudra attendre la première conférence internationale sur l'ozone, organisée à Paris par Fabry et Dobson en 1929, pour que l'origine de l'ozone dans l'atmosphère soit expliquée. Chapman, le célèbre géophysicien anglais, proposa alors un cycle de réactions chimiques portant aujourd'hui son nom et expliquant la production de l'ozone à partir de l'oxygène présent dans l'air et du rayonnement énergétique du Soleil. Cette théorie n'expliquait que partiellement les premières observations effectuées mais avait le mérite de jeter les bases de la chimie de l'ozone, d'expliquer sa formation à partir de l'oxygène contenu dans l'air et, surtout, le maximum de son abondance dans la stratosphère. Les mesures optiques effectuées par Dobson à l'aide de son instrument ont joué un rôle essentiel pour la compréhension de la distribution de l'ozone dans l'atmosphère terrestre. L'Année Géophysique Internationale fut à ce titre déterminante et permit d'étendre ce réseau d'instruments et de commencer à lui conférer la couverture globale que nous lui connaissons aujourd'hui. Des mesures qui se sont avérées cruciales pour mettre en évidence l'impact de l'homme sur la distribution de ce gaz important dans l'atmosphère.

Double-page précédente : nuages nacrés ou nuages stratosphériques polaires (PSC) photographiés en Antarctique. Constitués de cristaux de glace et d'acide nitrique, ils réagissent avec les CFC (chlorofluorocarbures) pour produire du chlore et du brome qui détruisent les molécules d'ozone.

Ci-contre : lancement d'un ballon pour la mesure de l'ozone stratosphérique au-dessus de l'Arctique. Dans le cadre du projet de recherches commun NASA – Union européenne destiné à étudier le taux et le rythme de destruction de l'ozone stratosphérique, de nombreux lancements de ballons ont eu lieu entre novembre 1999 et mars 2000. Photographie prise à la base de recherches de l'Esrange à Kiruna (Suède), située à l'intérieur du cercle arctique.

Ci-dessous : Christian Friedrich Schönbein.

C'est en effet au XXe siècle que l'impact des activités humaines sur l'atmosphère de notre planète a été reconnu pour la première fois. L'abondance de dioxyde de carbone, de méthane et de chlorofluorocarbures a augmenté, ce qui a amené les êtres humains à prendre conscience que l'atmosphère est immense mais finie ! La population sur notre planète a atteint un niveau tel qu'elle peut affecter la composition atmosphérique par les gaz qu'elle émet dans ses différentes activités. L'exemple le plus frappant de synergie entre l'observation d'un changement atmosphérique, sa compréhension théorique et l'évaluation de son impact sociétal a été donné par la diminution de la couche d'ozone qui protège la Terre, événement apparu dans les endroits les plus éloignés sur notre planète : l'Antarctique et, à un moindre degré, l'Arctique.

Le premier endroit où l'impact de l'homme sur la couche d'ozone a été clairement mis en évidence était effectivement le plus inattendu : l'Antarctique. En 1985, des scientifiques du British Antarctic Survey ont fait état d'une diminution de la couche d'ozone au-dessus de l'Antarctique au printemps, de moitié par rapport aux observations effectuées depuis l'AGI et jusqu'au début des années 1970. C'est ce que l'on a appelé le « trou d'ozone ». Ce changement dépassait de beaucoup ce que l'on pouvait attendre de la variation naturelle de l'ozone au cours des différents mois.

Les chlorofluorocarbures et les bromocarbures produits par l'industrie furent rapidement suspectés d'en être la cause. La diminution d'ozone a pour conséquence une augmentation du flux ultraviolet atteignant le sol, ce qui affecte l'ADN des plantes et des animaux et se traduit par des dommages à certains écosystèmes, aux récoltes et à la santé humaine (augmentation de la fréquence des cataractes et de certains cancers de la peau). L'amincissement de la couche d'ozone est ainsi devenu un problème sociétal majeur.

En quelques années, des observations au sol et aéroportées ont été mises en œuvre, mesurant non seulement l'ozone, mais aussi des espèces chimiques naturelles ou fabriquées par l'homme pouvant jouer un rôle dans ce phénomène. Les résultats des travaux de centaines de scientifiques répartis partout dans le monde ont montré sans ambiguïté que la destruction de l'ozone stratosphérique est amplifiée par les très basses températures qui règnent en Antarctique. En raison du froid extrême de la stratosphère antarctique, des réactions chimiques se produisent à la surface de nuages qui se forment à très haute altitude,

Envol d'un ballon stratosphérique au-dessus de l'Arctique.

produisant ainsi des espèces chlorées très réactives à partir d'espèces réservoirs inertes et rendant de ce fait le chlore issu des chlorofluorocarbures beaucoup plus dangereux qu'il ne l'est ailleurs. La destruction la plus rapide a lieu en Antarctique en septembre, du fait de la présence simultanée de basses températures et du rayonnement solaire, ingrédients nécessaires aux processus de destruction. Les variations de profondeur et d'étendue spatiale du « trou d'ozone » d'une année sur l'autre dépendent de la température, et donc des conditions météorologiques locales. En retour, la perte d'ozone affecte la température stratosphérique : moins d'ozone conduit à une atmosphère plus froide, ce qui affecte la structure des vents au niveau du sol. En conséquence, certaines régions de l'Antarctique se sont refroidies tandis que d'autres se sont réchauffées. La perte d'ozone a ainsi un impact sur le climat antarctique.

La question d'une destruction d'ozone en Arctique a naturellement été posée. La réponse est positive, mais dans une moindre mesure qu'en Antarctique du fait des températures stratosphériques plus élevées qui y règnent en hiver et au printemps.

La différence la plus importante tient au réchauffement plus rapide de la stratosphère arctique au printemps. De ce fait, la présence simultanée de températures très basses et d'éclairement solaire s'observe sur des périodes plus courtes.

Les processus d'activation des composés chlorés et de destruction d'ozone sont donc moins efficaces au nord qu'au sud. Cependant, les scientifiques s'inquiètent de la grande variabilité naturelle des températures hivernales en Arctique, au-dessus de régions habitées. Au cours de certains hivers, la stratosphère arctique est très froide et on observe alors une destruction de l'ozone, qui est toutefois toujours moins importante qu'en Antarctique. Une diminution d'ozone a aussi été observée aux moyennes latitudes, mais elle est beaucoup plus faible (quelques %) et là aussi, les preuves existent que les chlorofluorocarbures et les autres produits halogénés produits par les activités humaines en sont largement responsables.

L'inquiétude sur l'évolution de la couche d'ozone a conduit tous les gouvernements à signer un accord international sans précédent, connu sous le nom de « protocole de Montréal », pour réduire les émissions de chlorofluorocarbures, dont les concentrations ont effectivement commencé à décroître après son application. Mais les chlorofluorocarbures déjà émis ne sont détruits que par des processus très lents et ils restent présents dans l'atmosphère entre cinquante et cent ans. Bien que l'on s'attende à ce que la couche d'ozone retourne à son état prévalant avant l'apparition du « trou d'ozone », les chlorofluorocarbures présents dans l'atmosphère continueront à détruire l'ozone d'un pôle à l'autre jusqu'au milieu du XXIe siècle...

Gérard Mégie

Marie-Lise Chanin

Gérard Mégie était un scientifique de grande classe. Il fut un chercheur, un professeur et un responsable d'organismes. Le personnage que j'ai le mieux connu est le jeune chercheur entré au Service d'aéronomie du CNRS (Centre national de la recherche scientifique) pour étudier l'atmosphère à sa sortie de l'École polytechnique, en 1967, avec lequel j'ai travaillé pendant les quinze premières années de sa carrière, lorsque nous avons développé ensemble les méthodes de sondage de l'atmosphère par laser : les lidars. L'idée d'exciter les atomes de la haute atmosphère par une lumière dont on contrôlerait les paramètres avait germé dans l'esprit de Jacques Blamont dix ans auparavant, mais c'est l'arrivée des lasers à fréquence accordable vers 1965, qui permit réellement de mettre cette idée à exécution. Ce fut le sujet de thèse de Gérard Mégie, qui put ainsi étudier l'origine des métaux dans la haute atmosphère et élucider la plupart des questions qui se posaient à leur sujet.

C'est alors que, dans la seconde moitié des années 1970, le problème de l'ozone stratosphérique s'est posé et la communauté scientifique qui s'était investie dans la haute atmosphère a porté son intérêt à ce domaine assez délaissé jusqu'alors de la stratosphère, région si mal connue que Marcel Nicolet l'avait baptisée « ignorosphère ». Gérard Mégie s'est investi dans l'étude de la variabilité naturelle de l'ozone et de son évolution sous l'influence des activités humaines à la fois par l'observation et par la modélisation. Il a participé à la mise en œuvre de nombreux moyens d'observation de la stratosphère, essentiellement des lidars opérant depuis le sol et, ultérieurement, différentes plates-formes embarquées (avion, satellite). Il a coordonné plusieurs campagnes d'étude de l'ozone dans les régions polaires, arctiques et antarctiques. Les observations, d'abord menées à l'observatoire de Haute-Provence, furent au fil du temps étendues à d'autres sites : la base Dumont-d'Urville, dans l'Antarctique, puis la Réunion, et ces extensions ont contribué à la mise en place d'un réseau international de surveillance de la stratosphère, le NDSC (Network of Detection of Stratospheric Changes), où la France, grâce à lui, joue un rôle prépondérant.

Ses travaux de recherche ont ensuite porté sur l'étude des perturbations chimiques de la troposphère en relation avec l'augmentation de la pollution à différentes échelles de temps et d'espace, et plus généralement sur les liens entre l'évolution de la composition chimique de l'atmosphère et le changement climatique.

Outre son rôle de chercheur (au CNRS jusqu'en 1988), il faut souligner que Gérard Mégie s'est toujours considéré comme un enseignant, dirigeant des dizaines de thèses et de mémoires et assurant des cours à l'université Pierre-et-Marie-Curie. C'était certainement un maître exigeant, suivant en cela l'exemple de notre patron commun Jacques Blamont. C'est avec cette double casquette de chercheur et de professeur qu'il a mené sa carrière et qu'il concevait son rôle de président du CNRS – nous y reviendrons –, et son ambition était de toute évidence de conduire à une meilleure interaction entre la recherche et l'enseignement universitaire au sein de cet organisme.

Le personnage qui est sans doute le mieux connu de la communauté scientifique élargie est celui qu'il s'est rapidement forgé de meneur d'hommes, de leader, de grand patron de la science. Devenu membre de nombreux comités scientifiques européens et internationaux, Gérard Mégie a impressionné ses pairs par la clairvoyance de ses analyses et la rapidité avec laquelle il embrassait les problèmes et leur apportait une solution. Je l'ai souvent vu arriver dans un débat où il n'était pas *a priori* le meneur de jeu

et très rapidement imposer sa vision des choses. Il a ainsi, dans le cadre de ces activités, largement contribué à la structuration de la recherche en environnement aux niveaux national et européen.
À l'échelle nationale, après avoir dirigé le Service d'aéronomie, il a mené à bien la fédération de sept laboratoires franciliens spécialisés dans les sciences atmosphériques, océaniques et de l'environnement global, fédération devenue une réalité en 1992 avec la création de l'Institut Pierre-Simon-Laplace, dont il a été le premier directeur.
À partir de 2000, devenu président du CNRS, il a beaucoup contribué à le faire évoluer, lançant dès son arrivée à la tête de l'établissement une grande réflexion stratégique. Dans les derniers mois, bien qu'affaibli par la maladie, il avait rédigé avec son directeur, Bernard Laroutourou, le « Projet pour le CNRS » qui devait permettre à l'organisme d'évoluer en profondeur.
À l'échelle internationale, il a présidé de nombreux comités et assuré la coordination des rapports internationaux sur l'état de la couche d'ozone stratosphérique en 1998 et 2002 en tant que coprésident du Comité scientifique international auprès des parties au protocole de Montréal.
Gérard Mégie était enfin l'auteur de nombreuses publications et de deux ouvrages sur l'ozone stratosphérique et le coordonnateur scientifique de deux rapports de l'Académie des sciences. Il avait reçu de nombreuses distinctions et était notamment chevalier de l'ordre du Mérite et chevalier de l'ordre de la Légion d'honneur.

Station lidar implantée en Antarctique.

Des animaux marins sous surveillance

Pierre Jouventin

Le progrès technique crée de nouvelles sciences

L'histoire des sciences abonde en démonstrations de l'importance des techniques dans la genèse de nouvelles disciplines. C'est aujourd'hui l'importance des accélérateurs de particules dans l'avancement de la physique, c'était hier l'invention des instruments d'optique dans l'épanouissement de l'astronomie. Pour nous limiter aux sciences biologiques, l'apparition du microscope a constitué une révolution dans l'étude de l'infiniment petit et, au-delà, dans la compréhension des mécanismes de la vie. La fonction de reproduction est devenue beaucoup plus évidente lorsqu'il est devenu possible de voir les spermatozoïdes. En observant les capillaires, en particulier lors de leur passage dans les poumons, Malpighi a pu compléter la découverte de la circulation sanguine par Harvey. Ce qui lui a permis de comprendre le phénomène de la respiration.

Le premier verrou de la connaissance

Au cours des vingt dernières années, une nouvelle science résultant de la rencontre de l'ornithologie et de l'océanographie est née discrètement dans les bases polaires, et les équipes françaises de l'Institut polaire en ont été des acteurs majeurs. Permettez-moi de parler à la première personne pour évoquer mes débuts en terre Adélie à la fin des années 1960. Nous accédions alors à des colonies immenses d'oiseaux et de mammifères marins particulièrement faciles à étudier dans leur milieu naturel, aucun prédateur terrestre n'ayant pu sélectionner les plus farouches comme sur nos continents, mais les animaux n'étaient pas identifiables…

La première phase de nos recherches consista donc à trouver des moyens de marquage qui nous permettent de suivre ces modèles animaux extraordinaires tout au long d'un cycle reproducteur puis d'une année à l'autre sans les gêner. Ce problème trivial fut rapidement résolu pour la plupart des espèces grâce à des bagues numérotées en alliage métallique résistant à l'eau de mer, bien que les animaux plongeurs (manchots, phoques et otaries) restent encore difficiles à marquer sans les handicaper à long terme (ce que souligne également Yvon Le Maho dans son chapitre « Des manchots et des hommes »).

Des centaines d'oiseaux de quelques espèces avaient déjà été bagués par mes prédécesseurs mais les modalités de marquage variaient selon l'ornithologue et la question posée et, généralement, aucun suivi n'était assuré après la fin de l'étude. Alors que j'avais obtenu la responsabilité d'un programme d'étude des animaux marins, je mis en place avec mon équipe dans les années 1970 et 1980 un suivi systématique et à long terme de plus de vingt espèces dans les quatre districts des terres Australes et Antarctiques françaises. Le protocole était précis, des colonies d'étude furent définitivement délimitées, des nids marqués, des contrôles minimaux mais obligatoires programmés à dates fixes, opportunes. Ce programme ouvert permit de répondre à de multiples questions démographiques et populationnelles. Certains oiseaux sont maintenant bagués et contrôlés sans interruption depuis un demi-siècle, formant une banque démographique unique au monde. Du fait d'un protocole élargi, les questions portent aujourd'hui de moins en moins sur la démographie de ces espèces longévives, maintenant bien connue.

Dans le cadre du grand programme interdisciplinaire CNRS-EDD (Centre national de la recherche scientifique-Environnement et développement durable), j'ai également mis en place il y a une dizaine d'années, en collaboration avec la plupart des équipes de biologie polaire, un observatoire à long terme de l'environnement, la Zone-Atelier de recherches sur l'environnement antarctique et subantarctique. Cet observatoire est de plus en plus centré sur la question de l'influence de l'homme et des changements climatiques sur les êtres vivants. L'étude de la démographie des prédateurs marins, oiseaux et phoques, est là particulièrement riche d'enseignements : du fait de leur situation en fin de chaîne alimentaire, ces prédateurs dépendent complètement des ressources océaniques et « intègrent » donc naturellement les changements environnementaux affectant les écosystèmes marins (on retrouve cette problématique cruciale dans le chapitre suivant).

Double-page précédente : le grand albatros *Diomedea exulans* pèse une dizaine de kilos pour plus de 3 mètres d'envergure. Du fait de sa grande taille, cette espèce a été le premier oiseau dans le monde à pouvoir être équipé d'une balise Argos et donc être suivi lors de ses trajets alimentaires en mer sur plusieurs milliers de kilomètres.

Ci-contre : une balise Argos miniaturisée vient d'être fixée sur les plumes du dos d'un grand albatros par un ruban adhésif. Sa batterie l'alimente pendant plusieurs semaines et, lors du retour au nid, la balise est récupérée. Sa position est émise à intervalle régulier et captée par un satellite.

Ci-contre : cliché pris à Kerguelen, terres Australes et Antarctiques françaises. Cette balise Argos est prévue pour être fixée sur la tête d'un éléphant de mer du sud (*Mirounga leonina*). Elle enregistre la position de l'animal, mais aussi la température de l'eau de mer, sa salinité ainsi que la pression pour pouvoir estimer la profondeur de la plongée. Les données sont transmises au satellite lorsque l'animal vient respirer en surface. La durée de vie de la grosse pile est d'un an environ. Passé cette période, la balise se détache du pelage de l'animal sur laquelle elle était fixée.

Le deuxième et principal verrou

Cette première phase de marquage individuel des animaux étant résolue, nous rêvions de passer à la phase de suivi en mer mais cela était techniquement impossible. Il faut rappeler que, jusqu'au début des années 1990, le biologiste perdait le contact avec tout oiseau ou mammifère marin dès que celui-ci retournait à son milieu de prédilection. Après l'avoir côtoyé si facilement et étudié dans son intimité, on ne savait plus où il allait ni ce qu'il faisait pendant les mois ou années où il se nourrissait en mer avant de revenir à terre pour se reproduire à nouveau. Nous échappaient donc 90 % de la biologie de ces animaux pélagiques et tout l'aspect alimentaire qui faisait le lien avec l'océan.

Nous attendions la miniaturisation des balises Argos, qui nous permettrait enfin de suivre ces animaux à grand rayon d'action où que ce soit dans le monde, et dès que des ingénieurs japonais eurent mis au point des modèles d'environ 200 g, nous en équipâmes dix grands albatros *Diomedea exulans*. Ces immenses voiliers pèsent plus de 10 kg pour une envergure de plus de 2 m, ce qui est suffisant pour porter une balise. On leur prêtait jusqu'alors des périples de plusieurs centaines de kilomètres mais leurs trajets sont en fait bien plus impressionnants : c'est peu dire que nous fûmes surpris en découvrant les boucles de plusieurs milliers de kilomètres réalisées par ces grands voyageurs en une quinzaine de jours dans l'océan Austral. À cette époque, personne au monde n'avait encore équipé avec succès un oiseau d'une balise Argos et nous n'avions donc pas le recul suffisant pour juger si ces résultats n'étaient pas des artefacts, la balise ayant pu surévaluer le trajet. Aujourd'hui, des milliers d'oiseaux marins ont été suivis et nous savons que le trajet moyen d'un grand albatros pour aller chercher la nourriture autour de son nid est bien de 7 000 km. Comment peut-il parcourir de telles distances en une douzaine de jours dans les 40es rugissants ? Grâce aux relevés satellitaires, nous savons que cet éboueur des mers, qui prospecte les immensités océaniques pour trouver des cadavres d'animaux flottants, utilise les courants d'air comme moteur.
Ce ne sont pas les ascendances, lorsque le soleil chauffe les masses d'air, qu'il met à profit, comme le font les vautours, mais les vents permanents de l'océan Austral.
Si le vent cesse, il se pose sur l'eau et, pour revenir au nid quand le vent est contraire, il tire des bords comme un voilier.
Bien que vautours et albatros ne soient pas étroitement apparentés, ils remplissent la même fonction écologique et ont abouti au même vol économique pour pouvoir prospecter sans fatigue les immensités terrestres ou marines.

Ci-contre : manchots des Galapagos (*Spheniscus mendiculus*) pêchant dans un banc d'anchois.

Ci-dessous : détail d'un trajet montrant que l'oiseau vole en utilisant le vent dominant, stoppe quand le vent cesse (H), puis revient contre le vent aux îles Crozet en tirant des bords comme un voilier.

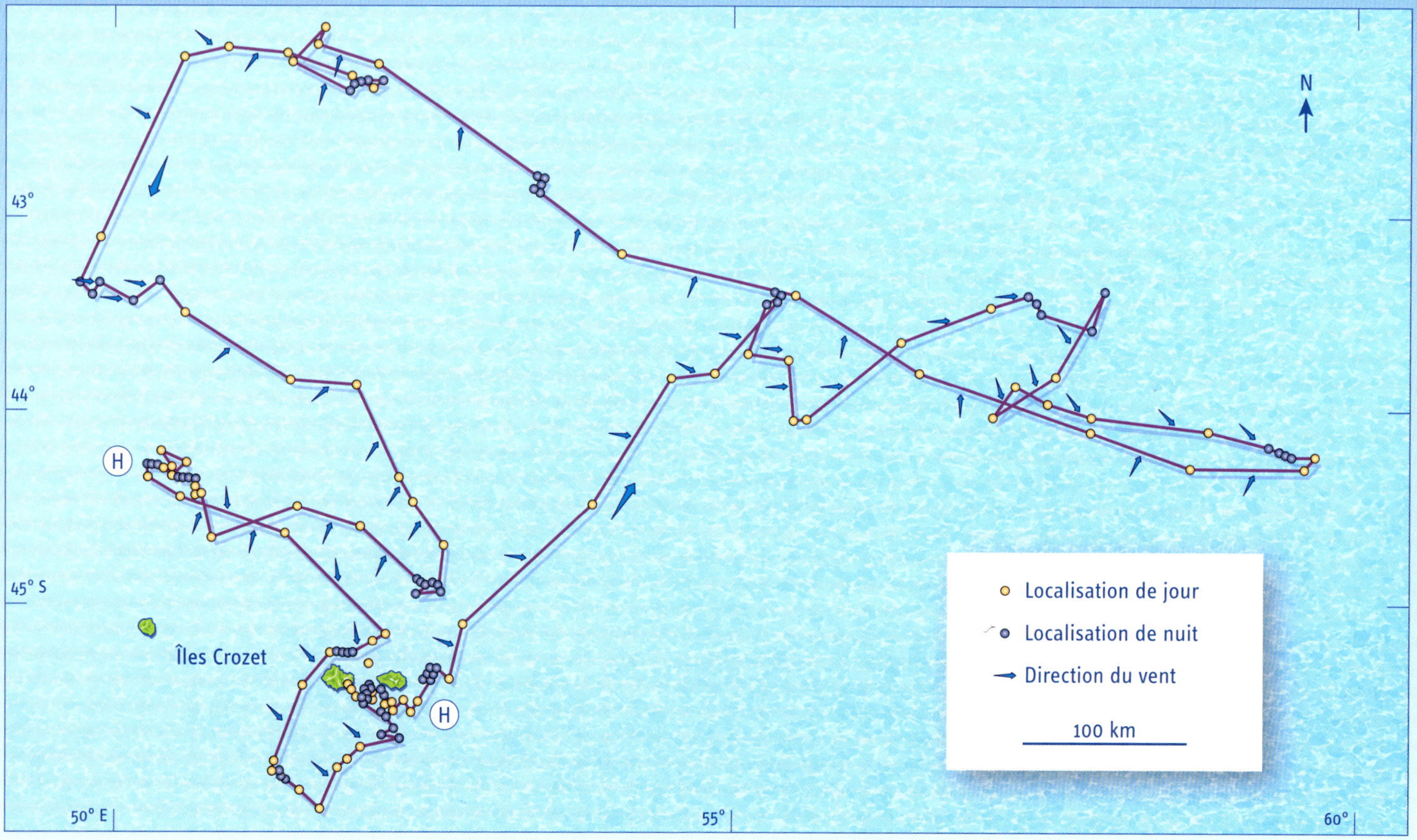

Le suivi des oiseaux plongeurs

Le principal verrou étant levé, les découvertes se sont succédé dans notre pays comme à l'étranger, en particulier chez les manchots qui exploitent la profondeur – c'est-à-dire la troisième dimension – de l'océan et constituent les prédateurs majeurs de l'océan Austral. Le premier suivi en mer des manchots royaux *Aptenodytes patagonicus* constitua une étape importante car la seule colonie de l'île aux Cochons, dans l'archipel Crozet, consomme deux fois le tonnage des pêches françaises ! Comment des colonies aussi nombreuses de manchots pouvaient-elles trouver dans l'océan de si grandes quantités de poissons ? Tout s'expliqua quand on apprit que les manchots royaux subantarctiques vont jusqu'au front polaire, à 500 km de l'île aux Cochons, et plongent jusqu'à 350 m de profondeur dans des masses d'eaux froides où se trouvent des stocks insoupçonnés de poissons myctophidés rassemblés dans les parages de cette barrière thermique (Yvon Le Maho y revient en détail).

Le lien entre les oiseaux marins et leurs proies, en particulier les poissons, pouvait enfin être étudié. Les prédateurs marins de l'océan Austral représentent en effet des bio-indicateurs des ressources marines dont les fluctuations observables à terre sont beaucoup plus mesurables que celles de leurs proies cachées dans les profondeurs de l'océan. Connaissant le régime d'un oiseau marin et ses zones de pêche, on déduit l'état des stocks halieutiques en suivant l'évolution des populations de prédateurs et leur succès reproducteur. Lorsque les poussins ne sont plus nourris ou, plus grave encore, lorsque les colonies sont désertées par les reproducteurs, on peut en déduire que leur nourriture n'est plus disponible dans leur rayon d'action autour des îlots de reproduction. Au-delà de l'étude des oiseaux marins, c'est-à-dire de l'ornithologie, des avancées en biologie marine devenaient possibles. Elles renouvelaient les approches classiques, souvent biaisées par les méthodes d'étude et de pêche alors que nous disposons aujourd'hui d'une multitude de techniques de pêche employées par les animaux, qui exploitent bien mieux les ressources océaniques que le pêcheur ou l'océanographe !

Des programmes interdisciplinaires et internationaux

Dans le cadre de la Zone-Atelier évoquée précédemment, des coopérations se sont mises en place ces dernières années. Elles se développent chaque année davantage entre divers spécialistes (biologistes marins, océanographes physiques, ornithologues, mammalogistes, etc.) qui se retrouvaient sur les navires de desserte mais restaient isolés dans des disciplines jusqu'alors cloisonnées. Des études interdisciplinaires ont pu être montées en parallèle sur plusieurs espèces de prédateurs marins, comme celle mise en œuvre à Kerguelen, où des manchots et des otaries ont été suivis à terre comme en mer. Leurs proies étaient échantillonnées à partir d'un navire de 25 m qui sondait et chalutait les fonds sur les zones de pêche où opéraient les animaux plongeurs.

En ce moment même, un nouveau pas est franchi car une nouvelle échelle d'étude devient possible grâce à la coopération d'équipes de différents pays qui suivent en même temps la même espèce dans plusieurs zones géographiques autour de l'Antarctique. C'est le cas par exemple avec le

Diagramme d'opération lors d'une campagne conjointe d'étude des relations prédateurs-proies sur la zone du front polaire au large de la façade est des îles Kerguelen.

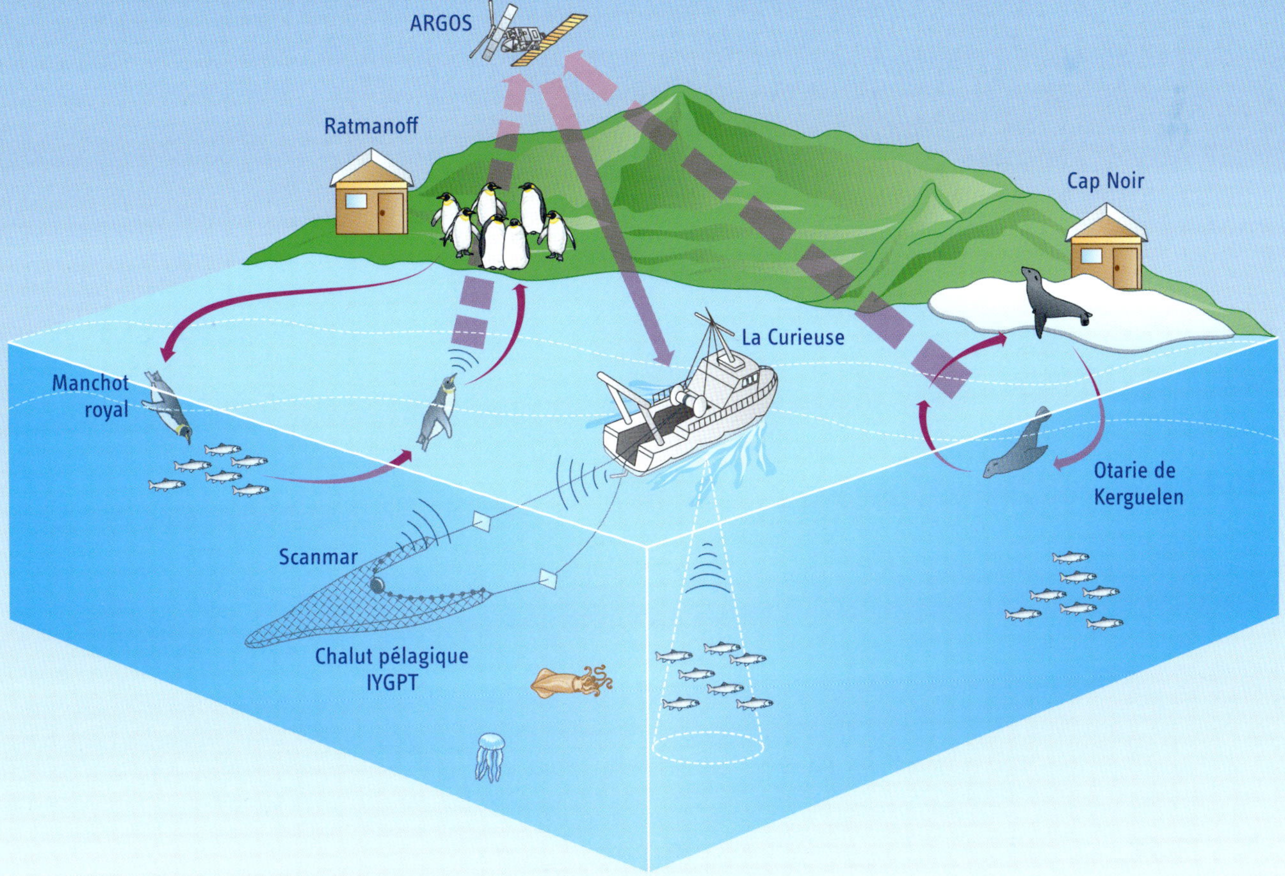

Les trajets autour de l'Antarctique des éléphants de mer équipés dans le cadre du programme international SEaOS.

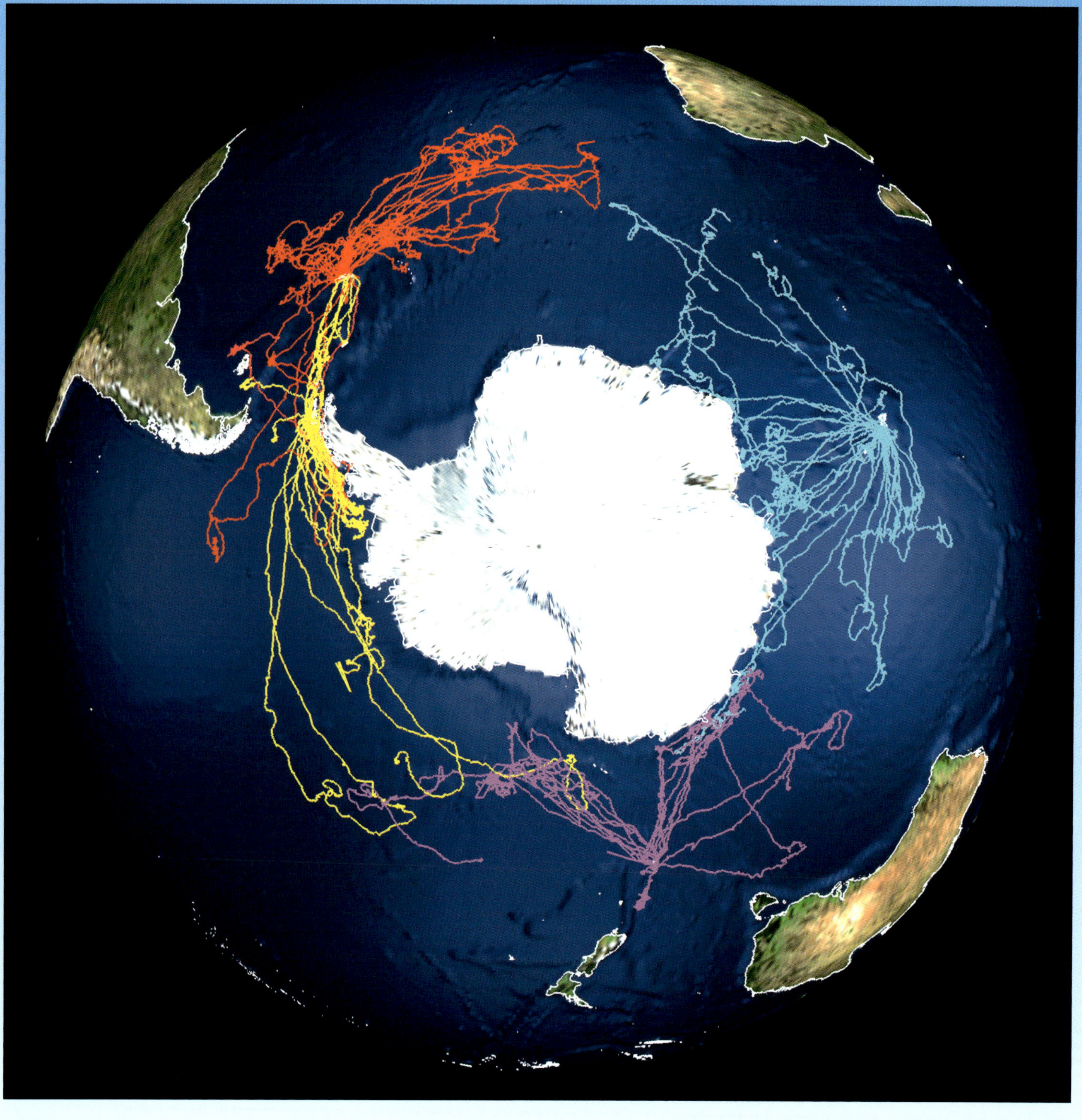

programme international d'étude de l'éléphant de mer *Mirounga leonina* (SEaOS, Southern Elephant Seals as Oceanographic Samplers). Porteur d'une batterie d'enregistreurs de position, de profondeur, de température, de salinité, de concentration en phytoplancton, ce mammifère marin plonge couramment à 1 000 m et passe 90 % de sa vie sous l'eau. Devenu lui aussi un « échantillonneur intelligent », il permet de mesurer de manière économique les caractéristiques physiques (température, salinité et aujourd'hui fluorescence) de vastes secteurs de l'océan Austral qui, du fait des conditions climatiques et de la présence de la banquise, sont généralement inaccessibles aux navires océanographiques mais jouent un rôle clé dans la machine climatique.

Pour conclure, disons tout d'abord que la technique de suivi par satellite des oiseaux, de pionnière, est devenue classique. En moins de trente ans et grâce au suivi en mer, les données sur les oiseaux marins et, par voie de conséquence, sur les ressources marines se sont accumulées et une discipline nouvelle a émergé, qui reste à nommer. Ce domaine est issu de l'hybridation de l'ornithologie et de l'océanographie. Il a comblé le précipice qui existait dans nos connaissances sur les oiseaux marins, observés jusqu'alors seulement à terre, et il constitue un pont entre recherche fondamentale et recherche appliquée.

La France, qui était à peu près absente de l'étude des oiseaux marins – spécialité jusqu'alors anglo-saxonne – y occupe aujourd'hui une place majeure avec une vingtaine de chercheurs de rang international, la plupart dépendant de l'Institut polaire. Des dizaines d'articles scientifiques sont publiés chaque année dans les plus grandes revues internationales de toutes disciplines alors que nous ne publiions à mes débuts que dans des revues ornithologiques confidentielles. La problématique, qui était purement naturaliste, est maintenant beaucoup plus ambitieuse et traite couramment du thème majeur des conséquences des changements globaux sur les êtres vivants : comment, à travers l'évolution des populations et les déplacements des prédateurs marins, juger du changement climatique, de la diminution des stocks de poissons et de l'anthropisation des milieux polaires. Tout cela a été rendu possible par les progrès de la micro-électronique.

Un éléphant de mer a effectué, de mars à juin 2004, un aller-retour entre l'île Kerguelen et l'Antarctique, séjournant deux mois sous la banquise. Les températures collectées permettent de visualiser le refroidissement saisonnier affectant les masses d'eau.

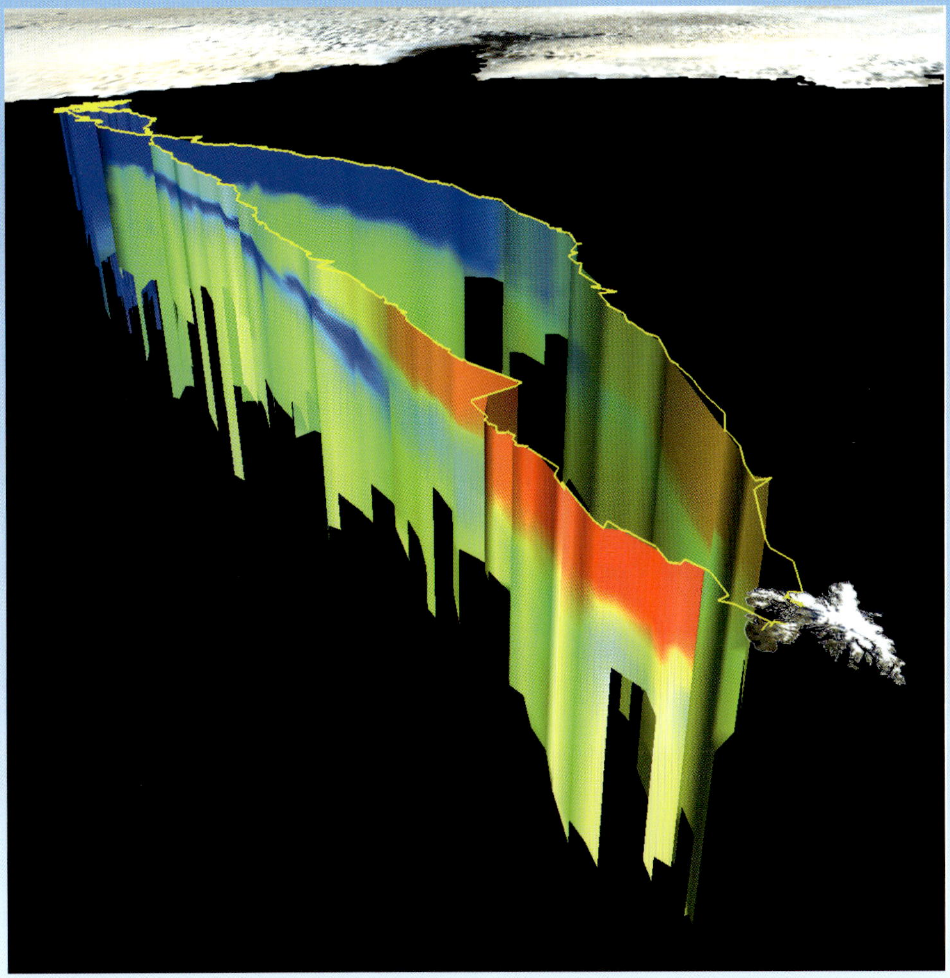

Des manchots et des hommes

Yvon Le Maho

Une biodiversité étonnante par ses adaptations

Pour coloniser et vivre aux conditions extrêmes des régions polaires, les animaux ont développé de remarquables adaptations, dont certains mécanismes commencent à être élucidés. Ainsi, grâce à des glycoprotéines antigel, les poissons des mers polaires arctique et antarctique se sont adaptés à la température négative de ces eaux. En Arctique, la femelle de l'ours blanc *Ursus maritimus* jeûne pendant les mois d'hiver, période où elle met bas et assure le sevrage de ses oursons.

En Antarctique, pour assurer la totalité de l'incubation de l'œuf au cœur de l'hiver, le mâle du manchot empereur *Aptenodytes forsteri* jeûne environ 120 jours, soit deux fois plus longtemps qu'il ne devrait pouvoir le faire en fonction de sa taille et de ses réserves corporelles. Certes, le manchot empereur est pourvu d'une remarquable isolation thermique grâce à son plumage. Cette isolation est double : des plumes très denses analogues à du duvet d'oie assurent en effet l'isolation thermique et des plumes très rigides les recouvrent, procurant ainsi une excellente isolation mécanique contre le vent. Par ailleurs, des échangeurs de chaleur à contre-courant réduisent la dissipation de chaleur au niveau des pattes et des ailerons. Mais ces adaptations morphologiques seraient insuffisantes à elles seules pour permettre la réduction du niveau de dépense énergétique qui rend possible le doublement de la durée du jeûne. Le mécanisme décisif est en effet comportemental : en se serrant étroitement les uns contre les autres, formant ainsi des « tortues », les manchots empereurs réduisent leur surface de dissipation de chaleur et, par conséquent, ralentissent d'autant la vitesse d'utilisation de leurs réserves corporelles. L'intérêt d'un tel mécanisme d'épargne est qu'il permet un abaissement du niveau de dépense énergétique sans que cet abaissement soit lié à une réduction de la température interne, comme c'est le cas chez l'hibernant. C'est d'ailleurs un point majeur, car, encore une fois, les mâles, chez le manchot empereur, couvent l'œuf, ce qui exige le maintien de leur température interne à 37 °C. L'existence d'adaptations étonnantes n'est pas l'apanage des espèces qui vivent aux pôles. Ainsi du manchot royal *Aptenodytes patagonicus*, le plus proche parent du manchot empereur, dont les deux tiers de la population mondiale vivent dans l'archipel de Crozet, c'est-à-dire, pour nous biologistes, les « Galápagos françaises ». Dans cet archipel, l'île de la Possession, où se trouve la base française, se situe à une latitude équivalente à celle de La Rochelle dans l'hémisphère Nord. Or, en étudiant comment les manchots royaux de l'une des principales colonies de cette île font face à l'impact de la variabilité climatique sur leurs ressources alimentaires en mer, nous ne nous doutions pas que nous allions découvrir que cette espèce est antarctique une partie de l'année. Nous ne nous attendions pas non plus à faire une découverte qui ouvre des perspectives agroalimentaires et biomédicales. En utilisant des balises Argos miniaturisées, nous avons en effet d'abord découvert qu'en hiver les manchots royaux abandonnent leurs poussins dans la colonie subantarctique. Ils assurent en effet leur propre survie en s'alimentant près de 2 000 km au sud, aux confins de la banquise antarctique. En outre, à l'époque de l'incubation estivale (menée à tour de rôle par les deux conjoints chez cette espèce), le conjoint parti s'alimenter en mer va se nourrir généralement plus au sud, à une distance qui peut varier considérablement – entre 350 et 650 km. Cette distance correspond à celle qui sépare Crozet du front polaire, c'est-à-dire de la zone de rencontre entre les eaux antarctiques et les eaux subantarctiques, moins froides. C'est au niveau du front polaire que se trouvent en effet les plus grandes concentrations de poissons lanternes, la proie principale des manchots royaux. Lors d'une année plus chaude, le front polaire se déplace vers le sud, ce qui explique les plus lointains et, par conséquent, plus longs voyages alors effectués par les manchots royaux. Or cette grande variation de la longueur des trajets alimentaires en mer a des conséquences importantes au plan de la reproduction. Considérons par exemple la femelle qui, généralement, part en mer alors que le mâle assure les deux à trois dernières semaines de l'incubation et revient nourrir le poussin à l'éclosion : lors d'une année froide, caractérisée par des voyages courts, elle est de retour avant l'éclosion ; en revanche, en année chaude, elle revient trop tard. Mais le mâle est capable d'assurer la survie du poussin à l'éclosion en régurgitant de la nourriture qu'il a, pendant ces deux ou trois semaines, conservée intacte dans son

estomac malgré sa température interne de 37 °C… Il peut ainsi pallier pendant une dizaine de jours le retard de la femelle.
En étudiant ce mécanisme de conservation (sans pour autant perturber le déroulement du cycle reproducteur), nous avons mis en évidence la sécrétion d'une petite protéine dans l'estomac des manchots royaux. Après avoir déterminé la structure de cette protéine, de la famille des défensines et qui a été appelée « sphéniscine », nous avons pu en faire produire par biotechnologie. Cette molécule s'est alors révélée avoir une action antibiotique contre certaines bactéries, comme le staphylocoque doré, et antifongique contre des champignons pathogènes, tel celui responsable de l'aspergillose. En fait, il n'est pas surprenant qu'un tel mécanisme de défense se soit développé pour assurer la conservation des aliments dans l'estomac du manchot, car outre les risques pour le poussin d'ingérer une nourriture dégradée, la présence de celle-ci présenterait également un grand danger pour l'adulte qui la stockerait.
Bien évidemment, cette découverte et les perspectives agroalimentaires et biomédicales qu'elle ouvre n'ont été rendues possibles que parce que les manchots royaux n'ont pas été totalement décimés à l'époque où les phoquiers les utilisaient comme combustible pour faire fondre la graisse des éléphants de mer…
D'autres exemples pourraient illustrer cette « mine d'or » que représente la biodiversité polaire du point de vue des mécanismes adaptatifs, par exemple chez les populations bactériennes, dont la croissance estivale sur la glace de mer semble sans équivalent sur notre planète. Ce dernier exemple pose notamment la question des enzymes qui fonctionnent de façon optimale à très basses températures. Cela signifie par conséquent que les enzymes de ces bactéries fonctionnent remarquablement bien à des températures *négatives*. Par quels mécanismes ? C'est ce que des chercheurs essaient de comprendre, avec l'idée que leur compréhension pourrait permettre de fabriquer des lessives très efficaces en eau froide…
Outre la valeur patrimoniale de la biodiversité polaire qui, à elle seule, mérite d'être préservée pour nos enfants et petits-enfants, les secrets d'ingénierie qu'elle renferme justifient par conséquent de toute évidence que l'on donne une priorité à sa préservation, ou à sa restauration le cas échéant. Atteindre ces deux objectifs nécessite incontestablement une meilleure compréhension de l'impact direct et indirect des activités humaines sur la faune et la flore antarctiques. L'impact est en effet direct à travers la surexploitation de certaines ressources – voir par exemple la destruction de la plus grande partie des populations de cétacés ou l'introduction volontaire ou involontaire d'espèces devenues invasives.
Il est indirect par le biais du changement climatique.

Double-page 176-177 : en se serrant étroitement les uns contre les autres, formant ainsi des « tortues », les manchots empereurs réduisent de moitié leur vitesse d'amaigrissement au cours des longues périodes de jeûne associées à la reproduction, notamment à l'incubation qui est entièrement assurée par les mâles.

Ci-contre : il serait erroné de considérer les manchots comme des oiseaux primitifs parce qu'ils disposent seulement d'ailerons et sont donc incapables de voler. Leurs ancêtres étaient des oiseaux volants, dont les ailes ont évolué pour aboutir, chez les manchots, à d'efficaces propulseurs qui leur permettent de remarquables performances sous l'eau. Le manchot Adélie, photographié ici en début de plongée, peut ainsi atteindre une profondeur de 180 mètres et rester près de six minutes en apnée. Le manchot empereur est, lui, capable d'atteindre une profondeur de 560 mètres et de rester vingt et une minutes en apnée !

Poussin de manchot royal quémandant de la nourriture à l'un de ses parents, qui le nourrira par régurgitation de nourriture contenue dans son estomac. À l'île de la Possession, dans l'archipel de Crozet (terres Australes et Antarctiques françaises), l'équipe du CNRS de Strasbourg a été la première à aborder l'étude démographique des manchots par un suivi électronique individuel. Depuis une dizaine d'années, dans le cadre des programmes scientifiques de l'Institut Paul-Émile Victor, plus de 5000 manchots royaux ont en effet été munis d'étiquettes électroniques sous-cutanées de moins d'un gramme et ils sont identifiés grâce à des antennes enterrées sur leur lieu de passage entre la mer et la colonie.

De nouvelles approches technologiques

Comme on l'a vu dans le chapitre précédent et plus haut ici, les déplacements en mer des manchots royaux peuvent aujourd'hui être suivis à partir de nos laboratoires de métropole grâce des balises ultra-miniaturisées utilisant le système Argos. Cette nouvelle approche, dont le Centre d'études biologiques de Chizé a été pionnier, a été rendue possible au début des années 1990 grâce au développement des technologies satellitaires, de la micro-électronique et de la micro-informatique. Elle a révolutionné nos connaissances qui, bien que la plupart des animaux polaires passent la plus grande partie de leur temps en mer, se limitaient auparavant à la vie des animaux à terre ou sur la banquise (voir, page 169, le chapitre de Pierre Jouventin, « Des animaux marins sous surveillance »). Au-delà du suivi par Argos, c'est en fait tout un bouquet technologique qui est aujourd'hui disponible grâce au biologging. Les loggers sont des systèmes d'acquisition miniaturisés dont on équipe temporairement les animaux ; ils sont munis de capteurs permettant d'enregistrer des données correspondant à la mécanique du déplacement de l'animal (vitesse de déplacement, accélération, position verticale ou horizontale...), à sa physiologie (température interne, pH tissulaire, motilité gastrique...) ou à l'environnement dans lequel il évolue (profondeur, salinité, température, lumière...). Ainsi, la stratégie alimentaire des animaux marins peut être étudiée dans les moindres détails grâce à des systèmes GPS couplés à des loggers permettant par exemple de savoir qu'à telle profondeur et pour telle température à un endroit déterminé, la température œsophagienne d'un manchot s'est abaissée, indiquant qu'après une accélération il a avalé une proie... On dispose donc aujourd'hui d'outils permettant de comprendre comment un oiseau ou un mammifère marin fait face à l'impact de la variabilité climatique sur la localisation et l'abondance de ses proies.
Mais l'intérêt des nouvelles technologies ne se limite pas à l'étude des animaux en mer. Grâce à une identification électronique à l'aide de transpondeurs semi-passifs (des étiquettes électroniques sans batterie interne, de seulement 0,8 g, implantées sous la peau et activées lors du passage de l'animal dans un champ électromagnétique créé au moyen d'antennes enterrées sur ses lieux de passage), on peut ainsi suivre les allées et venues de milliers de manchots entre leur colonie et la mer. Avec un tel dispositif, il est possible d'éviter l'effet délétère du baguage, attribuable à la gêne hydrodynamique induite au niveau de l'aileron, qui est le propulseur de l'animal dans ses déplacements en mer. Le baguage a longtemps été utilisé pour suivre individuellement les manchots, mais il réduit de moitié leurs chances de reproduction et induit par ailleurs une diminution de leur probabilité de survie.
En installant des systèmes de pesée électronique sur les lieux de passage et en les combinant avec des dispositifs d'identification électronique, on peut, à l'échelle d'une population, obtenir une information détaillée sur le gain de poids des manchots lorsqu'ils reviennent à la colonie après un séjour alimentaire en mer, reflet direct de l'abondance des ressources marines. Nous disposons ainsi actuellement d'une base de données portant sur plus de cinq mille manchots royaux durant leur séjour en mer, tous munis d'un transpondeur alors qu'ils étaient poussins ; les plus âgés sont des

reproducteurs confirmés puisqu'ils ont dix ans et se reproduisent depuis cinq ans. Des études menées sur l'impact de la variabilité climatique naturelle, il ressort que les quelques dixièmes de degré d'augmentation de la température de surface qui sont observés certaines années dans la zone où les manchots royaux s'alimentent en période estivale suffisent à entraîner une diminution de leur succès reproducteur. L'explication est la grande sensibilité des chaînes alimentaires des écosystèmes de l'océan austral au réchauffement : quelques dixièmes de degrés de plus signifient moins de poissons pour les manchots royaux et donc également pour leurs poussins. Qui plus est, pour la même raison de l'extrême sensibilité des chaînes alimentaires des écosystèmes de l'océan austral au réchauffement, une augmentation de seulement 0,3 °C de la température de surface de la mer dans la zone située à la limite de la banquise où les manchots royaux assurent leur survie en hiver suffit à entraîner une réduction de près de 10 % de leur probabilité de survie hivernale. Or, nos collègues climatologues annoncent une augmentation moyenne de 0,4 °C de la température de surface de la mer dans cette zone au cours des vingt prochaines années... C'est donc une sérieuse menace pour les populations de manchots royaux, à moins que les nouvelles générations de ces oiseaux développent des mécanismes d'adaptation insoupçonnés.

On pourrait penser qu'il suffit d'éradiquer une espèce introduite par l'homme pour restaurer un milieu naturel. Ce n'est pas si simple. Ainsi, la suppression du lapin sur l'île Verte dans l'archipel de Kerguelen n'a pas permis le retour espéré de la végétation subantarctique originelle. Au contraire, c'est une plante amenée par l'homme, le pissenlit, qui peu à peu colonise l'île. La cause en est le réchauffement climatique et le déficit hydrique qui touchent l'est de Kerguelen depuis le début des années 1990.

Une menace pour l'ensemble des écosystèmes polaires

Reflet de l'impact du climat sur les chaînes alimentaires marines, la menace ne se limite pas aux manchots, ni d'ailleurs en Arctique à l'ours blanc. Alors que les mers polaires sont parmi les plus riches de la planète, c'est leur valeur patrimoniale comme réservoirs de ressources pour l'alimentation humaine qui est également en danger.

Mais les écosystèmes marins ne sont pas les seuls concernés. Ainsi, les chercheurs de l'université de Rennes ont montré que l'augmentation moyenne de 1 °C observée dans l'ouest de l'archipel de Kerguelen a permis l'implantation de la mouche bleue *Calliphora vicina*, de toute évidence amenée par navire de l'île de la Réunion et qui menace la mouche endémique aptère *Anatalenta aptera*.

En outre, en collaboration avec des chercheurs du Muséum national d'histoire naturelle de Paris, la même équipe a montré que l'éradication du lapin de garenne *Oryctolagus cuniculus* sur une île du même archipel n'a pas entraîné la restauration de la flore endémique d'origine. On a constaté au contraire qu'une autre espèce invasive est apparue après la disparition du lapin, le pissenlit *Taraxacum officinale*, et elle colonise peu à peu l'île...

Le mécanisme par lequel les manchots empereurs réduisent la vitesse d'utilisation de leurs réserves corporelles en formant des tortues lors du long jeûne associé à la reproduction diffère de l'hibernation. Leur température interne est en effet maintenue à 37 °C, ce qui leur permet de maintenir l'œuf à environ 36 °C. En fait, en se serrant étroitement les uns contre les autres, les manchots empereurs réduisent leur surface de déperdition de chaleur. L'inconvénient est qu'ils créent ainsi un environnement tropical, ce qui est paradoxal pour le seul oiseau qui supporte le sévère hiver antarctique… C'est probablement ce qui explique pourquoi la tortue se dissocie dès que la température atteint environ 35 °C, soit après seulement 45 minutes en moyenne, et se reforme ensuite. On croyait jusque-là que les manchots empereurs restaient des jours, voire des semaines, bien au chaud. On n'avait pas imaginé qu'ils puissent avoir rapidement trop chaud en réduisant leur dépense au froid…

Les pôles : alpha et oméga de la planète Terre

Christian Gaudin

Les régions polaires ont un statut particulier. Elles sont des symboles. Pendant les temps héroïques de la conquête des pôles, elles apparaissaient comme la nouvelle frontière de l'humanité, synonyme d'aventures, de dangers et de découvertes. Inaccessibles et hostiles, elles le restent malgré les moyens logistiques les plus modernes. Même si le tourisme s'y développe, elles ne sont pas galvaudées. Le rêve y règne encore en maître. L'homme qui s'y rend cherche à se dépasser et donc à se retrouver. Il n'en revient pas indemne.

Symboliques, ces régions le sont aussi de la finitude de la Terre. Par les glaces de l'Antarctique, les scientifiques ont montré que l'homme était la cause d'un niveau de gaz à effet de serre jamais atteint depuis 850 000 ans. Par sa disparition, la banquise arctique permanente nous fait toucher du doigt le danger du changement climatique.

Par ailleurs, dans le cœur et dans la tête des hommes, ces régions ont bien un statut à part, symbole de mort hier, symbole de vie aujourd'hui.

Mais dans la diplomatie des États, peuvent-elles aussi avoir un statut différent ? Cet enjeu est récurrent depuis qu'en 1840 Dumont d'Urville a revendiqué une terre antarctique pour le roi de France et qu'en 1909, à peine le pôle Nord conquis par le commandant Peary, le Canada en revendiqua la propriété.

Mais pour donner un statut juridique international, encore faut-il pouvoir délimiter une zone particulière. Or, définir les régions polaires est une question beaucoup plus difficile qu'il n'y paraît. Où commencent les hautes latitudes ? Le cercle polaire est-il la bonne limite ? Sur un plan astronomique peut-être, mais géographiquement il exclut la plus grande partie du Groenland. Sur un plan biologique, c'est la limite de croissance des arbres qu'il faudrait retenir, mais alors ce sont des territoires immenses qui seraient à prendre en compte.

Ce sont finalement les circonstances historiques et la volonté d'hommes de conviction qui ont, jusqu'à maintenant, été déterminantes.

Au sud, il y a l'Antarctique, immense continent gelé grand comme l'Europe mais distant de plusieurs milliers de kilomètres de toute habitation. Plusieurs pays en ont revendiqué tout ou partie depuis 1840 mais, après la Seconde Guerre mondiale, il est resté très largement inexploré, il n'y avait que très peu de bases et aucune nation n'était capable de l'exploiter. S'ajoutait le fait que ni l'URSS ni les États-Unis n'avaient, avant cette date, pu faire de revendication ou installer des bases. Pour eux, il n'était pourtant pas question de se retrouver à l'écart de l'Antarctique et de voir leur action soumise au bon vouloir d'un autre État. Dans ce contexte, l'Année géophysique internationale – et troisième année polaire – 1957-1958 a créé un grand élan de coopération qui a porté sur les fonts baptismaux le traité de Washington, signé le 1er décembre 1959.

Ce traité est unique car non seulement il a « neutralisé » un continent entier mais il en a fait une terre réservée à la science et la paix où s'impose *de jure* et *de facto* la coopération internationale. Si la *terra australis incognita* n'était habitée par aucun de ces « bons sauvages » rêvés par les explorateurs et les philosophes du XVIIIe siècle, elle se révéla le lieu inespéré de la concorde.

Ce statut exceptionnel a été reconduit pour cinquante ans et renforcé par le protocole de Madrid du 4 octobre 1991. Il assure la protection de son environnement et y interdit toute exploitation minière. Il a été acquis de haute lutte par l'action déterminée de quelques-uns : le commandant Jacques-Yves Cousteau, Michel Rocard...

Au nord, tout est plus complexe. Nous n'avons pas affaire à un continent, mais à un océan gelé pour partie. Surtout, l'Arctique est une mer fermée entourée de cinq États riverains : les États-Unis, le Canada, le Danemark, la Norvège et la Russie. D'importants territoires sont inclus dans le cercle polaire et des populations permanentes y vivent. Depuis 1909, ces cinq nations s'en disputent la propriété. Si l'Arctique a été l'un des plus importants théâtres de la guerre froide – les stations y étant plus militaires que scientifiques –, aujourd'hui, c'est la rivalité économique qui prend le pas pour l'exploitation du gaz, du pétrole ou des ressources halieutiques.

De ce fait, aucun texte du type du traité de Washington ne le régit. En droit international, c'est un océan comme les autres. La convention du droit de la mer de Montego

Bay s'y applique. Les États riverains y possèdent non seulement une mer territoriale mais aussi une zone économique exclusive de 200 milles marins qu'ils souhaitent étendre jusqu'à 350 milles – et donc jusqu'au pôle Nord si les conditions géologiques sont réunies.

De telles prétentions ne sont-elles pas contradictoires avec l'idée que les régions polaires seraient des biens publics mondiaux ? C'est ce que soutiennent ceux qui veulent faire de l'Arctique le « pavillon témoin » de notre capacité à lutter contre le changement climatique. Ce statut de symbole peut-il trouver une traduction internationale ?

Personnellement, je le crois, mais pas nécessairement dès maintenant sous une forme juridique allant contre la souveraineté des États. En revanche, je suis convaincu, d'une part, que nous devons d'abord créer une dynamique porteuse de coopération internationale – c'est tout le sens du projet d'observatoire multidisciplinaire de l'Arctique – et, d'autre part, que la protection de l'environnement, qu'il soit marin ou terrestre, et l'exploitation raisonnée des richesses est de l'intérêt même des populations autochtones, des États riverains, des membres du Conseil arctique et de tous les pays intéressés.

Je fais le vœu que, témoins avancés des changements en cours, les régions polaires ne deviennent pas les témoins à charge de notre incapacité à donner à nos enfants un monde aussi riche que celui que nous avons reçu.

Pour conclure, les enjeux

Jean Jouzel et Didier Hauglustaine

Avec la collaboration de Nathalie Machetot

Les Inuits vivent avec leur temps : les thermomètres sont désormais électroniques. Malgré le réchauffement qui s'est amorcé et dont les effets sont déjà perceptibles au niveau de certaines infrastructures (au point de conduire à l'abandon de villages), les conditions de vie à l'extérieur restent difficiles.

Au-delà de l'aventure, du rêve, d'images magnifiques, la lecture de cet ouvrage nous laisse entrevoir toute une série d'enjeux auxquels l'Arctique et l'Antarctique vont devoir faire face dans le futur. Outre ceux liés à la pollution atmosphérique, à laquelle l'Arctique, région relativement proche des sources de métaux lourds, de pesticides et autres polluants organiques, n'échappe pas, deux grands défis environnementaux ont été évoqués et largement illustrés. L'un et l'autre résultent également des activités humaines dont ces régions, y compris le continent Antarctique qui en est très éloigné, subissent les conséquences de plein fouet.

Le premier concerne l'ozone et l'espoir qu'un jour le « trou » découvert au-dessus de l'Antarctique au début des années 1980 ne soit plus qu'un mauvais souvenir. Comme l'indiquent Susan Solomon et Marie-Lise Chanin, la bataille est en voie d'être gagnée. Les émissions de chlorofluorocarbures ont effectivement diminué grâce à l'application du protocole de Montréal et leur concentration dans l'atmosphère commence à décroître. La déperdition moyenne d'ozone à l'échelle du globe s'est à peu près stabilisée et les résultats des modèles permettent d'envisager une reconstitution complète de cette couche vers le milieu du siècle. Ce processus risque toutefois d'être légèrement ralenti par l'augmentation de l'effet de serre lié aux activités humaines. Le réchauffement climatique qui y sera associé constitue le second

défi, largement évoqué dans la suite de cette conclusion. En effet, ce réchauffement qui affecte les basses couches de l'atmosphère s'accompagne d'un refroidissement de la stratosphère. Celui-ci favorise la destruction de l'ozone stratosphérique et ce n'est que dans une bonne cinquantaine d'années que la couche d'ozone devrait être complètement reconstituée.

À cette échéance, le réchauffement lié à nos activités risque d'avoir déjà profondément modifié le climat des régions polaires. De façon probablement plus spectaculaire en Arctique qu'en Antarctique, avec des conséquences multiples, sur les plans humain, environnemental, économique et géopolitique… La planète tout entière sera affectée dans des domaines très divers – ressources en eau, écosystèmes, agriculture et ressources alimentaires, régions côtières, santé… Nos sociétés sauront-elles prendre à temps les mesures en vue d'en limiter l'ampleur ? Et le risque qu'à long terme se mettent en route des phénomènes irréversibles tels qu'une fonte partielle de la calotte glaciaire du Groenland.

Les régions polaires aux avant-postes du réchauffement et de ses conséquences

Valérie Masson-Delmotte et Sylvie Joussaume soulignent que les régions polaires risquent d'être particulièrement affectées par le réchauffement climatique. En fait, les régions de l'Arctique, qui, au cours du XXe siècle, se sont réchauffées plus de deux fois plus vite que le reste du monde, sont d'ores et déjà aux avant-postes d'un dérèglement dont les conséquences commencent aussi à être ressenties dans certaines régions de l'Antarctique. Les données que nous livrent les années récentes sont impressionnantes. La diminution de l'étendue minimale de la banquise arctique en fin d'été, d'une ampleur surprenante et plus rapide que ne le prédisent les modèles, le doublement, en une dizaine d'années, de la vitesse de certains glaciers, au sein desquels s'écoule la glace en provenance des parties centrales du Groenland, la fonte accélérée qui affecte les régions côtières de cette calotte, ont été largement évoqués. Mais le réchauffement a également un impact sur les continents. Les surfaces enneigées diminuent, les lacs et les rivières gèlent plus tard et dégèlent plus tôt, tandis que le permafrost est affecté par un réchauffement qui peut atteindre 3 °C en surface. Avec déjà des effets sur les infrastructures, comme à Shishmaref, un village de la côte nord-ouest de l'Alaska que ses habitants vont devoir rapidement abandonner.

Mais ce ne sont là que les premiers signes des véritables bouleversements qui vont affecter les régions arctiques. Comme cela a été observé au cours du XXe siècle, les modèles climatiques indiquent que le réchauffement à venir y sera amplifié par rapport à sa valeur moyenne. La faune, la flore, les écosystèmes, déjà sensibles aux changements qui s'opèrent, risquent d'être modifiés de façon importante. On pense en premier lieu aux ours polaires qui, en l'absence de banquise, auront beaucoup de difficultés à chasser les phoques, leur principale source de nourriture.

Les populations – quatre millions de personnes en Arctique, dont 10 % d'indigènes – n'échapperont pas à ces bouleversements. Cette région est au cœur de formidables enjeux économiques dont on peut craindre qu'ils soient antagonistes par rapport à une politique de protection de l'environnement. La disparition de la glace de mer l'été est en effet synonyme d'ouverture de nouvelles voies maritimes entre l'Atlantique et le Pacifique, d'accès à de nouvelles zones de pêche. Elle offre des possibilités d'exploration puis d'exploitation de réserves de gaz et d'hydrocarbures dont les premières estimations permettent de prédire qu'elles sont importantes. Et comme le souligne

Dans l'Arctique, la banquise est difficilement franchissable. Mais sa fonte estivale, plus rapide que prévu, devrait permettre l'ouverture de nouvelles voies maritimes qui raccourciront les distances entre l'Atlantique et le Pacifique.

Christian Gaudin, l'Arctique ne bénéficie pas d'un traité qui, tel celui mis en place dès 1959 pour l'Antarctique, le protégerait d'une exploitation effrénée de ses ressources.
Même si les régions côtières de l'Antarctique sont plus froides que le Groenland et donc très peu affectées par la fonte des glaces, les premiers effets du réchauffement y sont déjà sensibles. Les phénomènes les plus spectaculaires concernent les plates-formes situées autour de la péninsule antarctique, seule région de ce continent marquée par un réchauffement important, de plus de 2 °C au cours des cinquante dernières années. Certaines d'entre elles – celle de Larsen B en 2002, celle de Wilkins début 2008 – se sont partiellement désintégrées. Probablement en réponse à ce réchauffement, en donnant naissance à d'immenses icebergs qui vont fondre dans les régions plus chaudes de l'océan Austral. Dans ces régions côtières de l'Antarctique et dans les îles subantarctiques, la faune et la flore commencent à être touchées. Ainsi, la présence de glace de mer est indispensable pour les colonies de manchots, qui se nourrissent essentiellement de krill, petites crevettes des eaux de l'océan Austral dont la reproduction dépend de l'étendue de la banquise.

Plus encore que l'accroissement de la température moyenne de la planète, l'augmentation, suggérée par les modèles climatiques, de la fréquence ou de l'intensité de certains événements extrêmes pourrait être à l'origine des conséquences les plus dévastatrices du réchauffement climatique.

Le réchauffement : des impacts sur l'ensemble de la planète Terre

Ce tour d'horizon des conséquences du réchauffement dans les régions polaires s'appuie très largement sur les conclusions du GIEC, le Groupe intergouvernemental d'experts sur l'évolution du climat, dont le dernier rapport, paru en 2007, met en lumière le caractère dramatique du phénomène, lequel est d'autant important qu'il est extrêmement rapide : 2100 peut sembler encore loin mais un certain nombre des enfants qui peuplent nos cours d'école vivront encore au début du siècle prochain et auront à s'adapter à ce réchauffement climatique et à ses conséquences. Et celles-ci sont nombreuses lorsqu'on s'intéresse à notre planète Terre dans son ensemble.

Évoquons d'abord l'élévation du niveau de la mer, à laquelle contribuent la dilatation de l'océan due à son réchauffement progressif et la fonte des glaces stockées sur les continents, qu'elles proviennent des glaciers alpins, des petites calottes glaciaires présentes tout autour de l'Arctique ou des grandes calottes, Groenland et Antarctique. À l'échéance des prochaines décennies, c'est l'accélération de l'écoulement, déjà mentionnée, qui inquiète. Elle conduit certains scientifiques à prédire qu'à l'horizon 2100, la hausse du niveau marin pourrait atteindre 1 m, voire plus, soit près du double par rapport aux prévisions les plus pessimistes du GIEC. Les régions côtières, très peuplées, sont particulièrement concernées. Ainsi, on estime que, sans protections supplémentaires, une élévation de 40 cm du niveau de la mer conduirait plus de deux cents millions de personnes à devoir quitter l'endroit où elles habitent. À cette conséquence directe s'ajouteront des problèmes liés à l'érosion des côtes, à la salinisation des eaux et à la fragilité de certains écosystèmes côtiers.

L'inquiétude est encore plus grande à long terme, en particulier pour le Groenland dont le volume devrait continuer à diminuer après 2100. Au point qu'il risque de disparaître dans quelques millénaires si un réchauffement notable persiste dans les hautes latitudes nord. Cela équivaudrait à une élévation de 7 m du niveau de la mer. L'examen des données du passé ne nous rassure guère : il y a 125 000 ans, au cours de la dernière période interglaciaire, plus chaude de quelques degrés que celle dans laquelle nous vivons actuellement, le niveau de la mer était de 4 à 6 m plus élevé... Ceci pourrait avoir été partiellement dû à une fonte du sud du Groenland. La contribution liée à la dilatation de l'océan est elle inéluctable. La combinaison de ces deux composantes fait, qu'à échéance de quelques siècles, on peut craindre une élévation de la mer de plusieurs mètres.

Autre problème majeur, celui des ressources en eau. L'alimentation en eau est déjà critique dans de nombreuses régions mais cette situation risque d'être exacerbée par l'augmentation des températures. Avec des conséquences sur les écosystèmes et sur la production agricole, qui devraient souffrir si le réchauffement est important. Certaines régions seront affectées par des inondations plus fréquentes tandis que d'autres sont très vulnérables à une augmentation possible de l'intensité des cyclones. L'océan est également fragile. Au problème des récifs coralliens, dont certains sont déjà affectés par le réchauffement, s'ajoute celui de l'acidification des eaux en réponse à l'absorption d'une partie du gaz carbonique émis par les activités humaines. Enfin, les risques sur notre santé sont loin d'être négligeables.

Face à ces risques, tout doit être fait pour stabiliser l'effet de serre à un niveau le plus proche possible des conditions actuelles. En tout état de cause à un niveau qui permette une adaptation progressive aux conditions climatiques futures. Force est de constater que le défi est immense, d'autant qu'il engage chacun d'entre nous. Il est d'une autre dimension que celui posé par la couche d'ozone, lequel concernait un nombre limité de grandes entreprises qui ont su rapidement développer des produits de substitution.

Limiter le réchauffement : un défi très ambitieux qui nous concerne tous

Les sources des composés qui contribuent à l'augmentation de l'effet de serre sont bien documentées : combustibles fossiles, charbon, pétrole et gaz naturel pour le dioxyde de carbone communément appelé « gaz carbonique » (CO_2) à quoi s'ajoutent la déforestation et, de façon plus marginale, la production de ciment ; émissions industrielles, exploitation et utilisation des combustibles fossiles, ruminants et rizières, décharges, dans le cas du méthane (CH_4) ; activités agricoles, en particulier l'utilisation intensive d'engrais azotés, dans celui du protoxyde d'azote (N_2O) ; production purement industrielle pour les chlorofluorocarbures et leurs produits de remplacement, moins nocifs vis-à-vis de l'ozone mais redoutables par leur effet de serre.

Le pouvoir de réchauffement varie de manière importante d'une molécule à l'autre. Ces différences sont prises en compte lorsqu'on compare leurs parts respectives dans l'augmentation de l'effet de serre ou qu'on établit des bilans par secteur d'activité. En France, le CO_2 vient en tête, avec 71 %, suivi par le N_2O, à 14 %, puis par le CH_4, à 12 %. En 2006, le transport routier a contribué pour 24 % à l'augmentation de l'effet de serre, l'industrie pour 23 % et le résidentiel-tertiaire pour 19 %. La contribution du secteur agriculture/sylviculture, largement dominée par les émissions de CH_4 et de N_2O, se situe à ce même niveau de 19 %, une fois déduit le puits de CO_2 absorbé par la végétation. Ce bilan est complété par la production d'énergie pour 13 % et par les transports autres que routiers pour 2 %.

D'autres facteurs influent sur le bilan radiatif de la planète : aérosols d'origines diverses, ozone stratosphérique et troposphérique, activités solaire et volcanique. Leur importance a varié au cours des deux cents dernières années mais l'augmentation de l'effet de serre est prépondérante. Elle le restera au cours des prochaines décennies et au-delà.

Le diagnostic du GIEC est clair et implacable : plus nous émettrons de gaz à effet de serre dans l'avenir, plus cet effet de serre additionnel augmentera et plus le réchauffement risque d'être important. Les chiffres cités par Valérie Masson-Delmotte et Sylvie Joussaume sont éloquents : dans le cas du scénario le plus émetteur, l'augmentation moyenne des températures d'ici 2100 est estimée à 4 °C. Il s'agit d'une projection établie à partir d'un ensemble de modèles dont certains prédisent des réchauffements moyens plus importants, supérieurs à 6 °C. Ces valeurs extrêmes sont peu probables mais elles ne peuvent être complètement exclues. Chacun comprendra aisément qu'un tel scénario doit être évité à tout prix...

L'accroissement de l'effet de serre a pour effet d'augmenter la chaleur disponible dans les basses couches de l'atmosphère. Et lorsqu'un milieu reçoit de la chaleur, la réaction normale est que sa température augmente. À moins que n'existent des mécanismes de compensation. Or aucun de ceux auxquels ont pu penser les climatologues n'a jusqu'ici été confirmé par les observations. Au contraire, des mécanismes d'amplification, dont l'existence est avérée, sont à l'œuvre. La diminution des surfaces enneigées et de celles couvertes de glace de mer, qui accompagne le réchauffement des hautes latitudes de l'hémisphère Nord, participe à son amplification. En effet, elle se traduit par le remplacement de surfaces réfléchissantes, neiges et glaces, par d'autres, océan libre et toundra, qui absorbent. Mais la rétroaction la plus efficace est celle liée à la vapeur d'eau. Ainsi que l'ont souligné Dominique Raynaud et Jérôme Chappellaz, c'est le premier gaz à effet de serre et sa concentration dans l'atmosphère augmente à mesure que l'océan de surface se réchauffe et favorise ainsi l'évaporation. Certes, de nombreuses incertitudes existent, telles celles liées à la modification des propriétés et de la répartition des nuages dans un climat plus chaud, mais tous les clignotants sont au rouge. Même si son amplitude et sa distribution géographique sont difficiles à prédire de façon précise, tout indique que l'augmentation de l'effet de serre s'accompagnera obligatoirement d'un réchauffement.

Dans une telle situation, le bon sens doit prévaloir. Cela a été le cas sur le plan international. Le premier Sommet de la Terre s'est réuni à Rio en juin 1992. S'appuyant sur le premier rapport du GIEC, publié en 1990, 156 pays ont adopté le texte de la convention-cadre sur le changement climatique. Cette convention Climat, entrée en vigueur en 1994, a été ratifiée par pratiquement tous les pays de la planète. Elle s'est fixé l'objectif ultime de « stabiliser les concentrations des gaz à effet de serre à un niveau qui empêche toute perturbation anthropique dangereuse du système climatique. Il conviendra d'atteindre ce niveau dans un délai convenable pour que les écosystèmes puissent s'adapter naturellement aux changements, que la production alimentaire ne soit pas menacée et que le développement économique puisse se poursuivre d'une manière durable ».

Cet objectif est extrêmement contraignant. À long terme, la stabilisation de l'effet de serre passe par celle de la concentration en CO_2 car ce gaz, premier contributeur à l'effet de serre additionnel, a en outre la propriété de rester longtemps dans l'atmosphère. Cela implique que les émissions ne doivent pas dépasser la capacité d'absorption de la végétation et des océans. Or cette capacité n'excède guère 40 % des émissions de CO_2 dues aux combustibles fossiles. Et il n'y a aucune raison d'espérer qu'à l'avenir cette proportion augmente. Au contraire, tout laisse à penser qu'elle diminuera dans un climat plus chaud, aussi bien sur les continents que dans les océans. Quel que soit le niveau de stabilisation visé pour l'effet de serre, il faut donc que nos émissions diminuent de façon considérable. Et d'autant plus rapidement que l'objectif visé est ambitieux.

La convention Climat ne fixe pas le niveau d'effet de serre à ne pas dépasser. Les Européens, très volontaristes, souhaiteraient qu'il soit tel que le réchauffement global ne dépasse pas 2 °C par rapport à la période préindustrielle, il y a deux cents ans. Au premier abord, cet objectif pourrait apparaître dénué d'ambition. Il n'en est rien car le réchauffement est inexorable, en partie parce que les gaz à effet de serre que nous avons émis dans l'atmosphère de façon de plus en plus importante depuis le milieu du XXe siècle n'ont pas encore exercé tout leur pouvoir de réchauffement. Résultat, pour que cet objectif de plafonnement de l'augmentation des températures à 2 °C ait des chances d'être atteint, il faut que dès 2050 nos émissions aient diminué de 50 à 85 % par rapport à celles de 2000, en gros qu'elles aient alors été divisées par trois. Plus si l'on se réfère aux émissions actuelles, qui ont notablement augmenté, de plus de 10 % depuis 1990. C'est donc un objectif très ambitieux, d'autant que la diminution des émissions devra se poursuivre au-delà de 2050.

La réduction des émissions des gaz à effet de serre est désormais un des thèmes récurrents des discussions de l'organisation qui regroupe les pays industrialisés, le G8. Ces discussions, auxquelles se sont entre autres joints la Chine, l'Inde et le Brésil, se sont focalisées sur l'objectif d'une division par deux de nos émissions d'ici 2050. Celui-ci est en retrait par rapport à celui qui permettrait de limiter le réchauffement à 2 °C, d'autant que le niveau de référence adopté par le G8 n'est pas clairement énoncé. Le réchauffement global au moment de la stabilisation serait alors plus élevé, autour de 2,5 °C, voire un peu plus. Et pourtant, cela reste un véritable défi. Qu'on en juge : pour que les émissions globales puissent être divisées par deux d'ici 2050, il faut que la tendance s'inverse dès 2015. Qu'elles commencent à diminuer à partir de cette date, toute proche, alors qu'elles sont en constante augmentation. Une lueur d'optimisme nous vient des experts du GIEC qui indiquent qu'un tel objectif peut être atteint avec les technologies déjà disponibles ou en voie de l'être. Tous les secteurs sont susceptibles d'y contribuer. Les énergies renouvelables sont appelées à jouer un rôle croissant, tout comme le stockage géologique du CO_2 après piégeage à la sortie des centrales thermiques, le nucléaire représentant également une option dans certains pays. La chasse aux économies d'énergie constitue en fait la plus grande source potentielle de réduction, avec des marges de manœuvre particulièrement importantes dans les domaines du bâtiment et de la construction. Mais tous les autres secteurs – transport, gestion des forêts et des déchets... – peuvent contribuer aux réductions. Tout comme les pratiques agricoles visant à accroître le stockage du carbone dans les sols et la production de biomasse à finalité énergétique. Et ce à un coût qui est loin d'être prohibitif. D'après le GIEC, il sera, d'ici 2050, à peine supérieur à 0,1 % du PIB (produit intérieur brut) par an dans le cas des scénarios de réduction des émissions que nous avons mentionnés.

On comprend que cet objectif requière un effort plus important des pays développés. C'est dans cette perspective que l'Europe a défini des objectifs de réduction de 20 %, voire de 30 %, à l'horizon 2020. La France vise, elle, une division par quatre de ses émissions d'ici 2050, et en 2007, le Grenelle de l'Environnement a fait une série de propositions qui, si elles étaient toutes mises en œuvre, seraient de nature à permettre à notre pays d'atteindre les objectifs fixés pour 2020. Et à le placer sur une trajectoire qui puisse conduire à une division par quatre d'ici 2050.

Mais c'est d'une véritable révolution dont il s'agit, qui exige une volonté sans faille des décideurs politiques, des collectivités, des entreprises, de tous les acteurs économiques. Et aussi une implication de chacun d'entre nous. Il suffit pour s'en convaincre de rappeler que les émissions liées au transport et au résidentiel, celles sur lesquelles nous pouvons le plus directement agir, représentent près de la moitié de l'ensemble de nos émissions, près de 60 % si l'on considère le seul dioxyde de carbone. Même s'il est couronné de succès sur le plan mondial – ce qui est absolument indispensable du point de vue du climatologue mais est loin d'être acquis –, cet effort, rappelons-le, devra s'accompagner d'une stratégie d'adaptation. Celle-ci doit se mettre en place au niveau national, régional, voire local. Nous devrons apprendre à vivre, et nos sociétés à se développer, dans un monde plus chaud, avec une montée du niveau de la mer lente mais inexorable, avec un accroissement des risques d'extrêmes climatiques – sécheresses, inondations, cyclones intenses... Certes, le réchauffement lié aux activités humaines n'est pas le seul problème environnemental auquel nos civilisations devront faire face. Approvisionnement en eau et en énergie, ressources alimentaires, pollution, perte de biodiversité, érosion des sols sont autant de défis environnementaux du siècle à venir. Mais force est de constater que le réchauffement et son cortège de conséquences aura clairement tendance à les exacerber.

Redisons-le, ce réchauffement climatique est devenu inévitable. Et un regard vers les périodes plus froides de l'histoire de notre planète nous aide à comprendre que ce changement sera, en tout état de cause, significatif. Même en cas de division par deux de nos émissions d'ici 2050. Un réchauffement global de 2,5 °C est de l'ordre de celui qu'a connu notre dernier interglaciaire, période au cours de laquelle le niveau de la mer était de 4 à 6 mètres plus élevé qu'actuellement. Surtout, il correspond à la moitié environ de celui associé à la dernière déglaciation. Mais ce dernier, estimé à environ 5 °C, a pris quelques millénaires et non quelques générations...

Du pôle Nord au pôle Sud, tout doit être fait pour que notre planète, tout entière cette fois, ne devienne « *terra inhospitalia* »...

Les émissions de gaz à effet de serre d'aujourd'hui préparent le climat d'après-demain. S'y rien n'était fait pour que, dès 2015, nos émissions de gaz à effet de serre commencent à diminuer, ces enfants Inuits risquent de connaître un réchauffement supérieur à 5 °C, éventuellement plus, d'ici la fin du siècle. Au cours des prochaines décennies, ces jeunes générations sont appelées à jouer un rôle clé dans la lutte contre le réchauffement climatique.

Notices

Nathalie Machetot, commissaire déléguée et chef de projet de l'exposition, avec l'aide de *Bertrand Cousin*, assistant de la commissaire

2.27

ascendante et descendante de la fusée et qui les transmettent par radio. La campagne comportera quatre lancements de fusées Dragon avec comme objectif scientifique l'étude des anomalies magnétiques et électriques de l'ionosphère au voisinage du pôle.
Les difficultés liées aux préparatifs des lancements sont considérables car il faut acheminer à des milliers de kilomètres de la métropole les 600 t de matériel nécessaires à la campagne de tir. Durant celle-ci, des couvertures chauffantes sont installées sur les pains de poudre pour les empêcher de geler et de se fendre, ce qui provoquerait une explosion en plein vol.

24 Détecteur lié à la tête de fusée-sonde Dragon, 1967. Saint-Maur-des-Fossés, Centre d'étude des environnements terrestre et planétaires, Institut Pierre-Simon-Laplace, CNRS/Université de Versailles-Saint-Quentin.

25 Détecteur Citadel, 1972. Saint-Maur-des-Fossés, Centre d'étude des environnements terrestre et planétaires, Institut Pierre-Simon-Laplace, CNRS/Université de Versailles-Saint-Quentin.

26 Corps de fusée, campagne Araks, 1974. Brest, Institut polaire français Paul-Émile-Victor.

27 Instrument *Hyperboloïd* du satellite *Interball*, 1996. Saint-Maur-des-Fossés, Observatoire de l'espace du Cnes et Centre d'étude des environnements terrestre et planétaires, inv MQ1996AU00559. 60 x 60 x 60 cm
Les deux missions Interball 1 (1995) et Interball 2 (1996) ont regroupé les efforts d'une large communauté internationale afin d'étudier l'interaction entre la magnétosphère et le vent solaire. Chaque mission était composée de deux satellites. Lors de la mission Interball 2, le couple *Auroral Probe* et *Magion 5* a suivi une orbite polaire, survolant successivement les pôles Nord et Sud pour observer la magnétopause (frontière du champ magnétique terrestre et du milieu interplanétaire) au niveau des cornets magnétiques, zones de précipitation des atomes solaires à l'origine des aurores.
Hyperboloïd est un instrument de l'*Auroral Probe* : il s'agit d'un spectromètre multidirectionnel permettant d'obtenir la distribution en énergie des espèces majeures d'ions : hydrogène, hélium et oxygène. Les données cumulées sur l'ensemble de la mission ont permis d'obtenir les caractéristiques physiques des différentes zones traversées (ionosphère, champ magnétique terrestre, vent solaire) et d'en visualiser les mouvements et les interactions.

28 Caméra panoramique 360°, XXe siècle. Saint-Maur-des-Fossés, Centre d'étude des environnements terrestre et planétaires, Institut Pierre-Simon-Laplace, CNRS/Université de Versailles-Saint-Quentin.

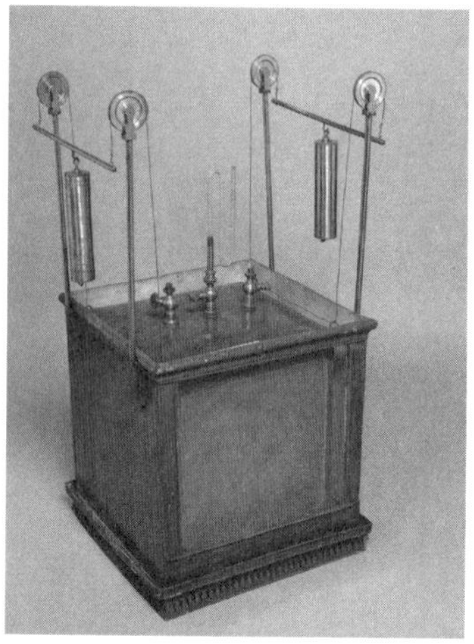

3.1

3.4

3. L'atmosphère fragilisée : les régions polaires en première ligne

1 Paire de gazomètres par Jacques Alexandre Charles, fin du XVIIIe siècle. Paris, Musée des arts et métiers-Cnam, inv. 36988-0001 et 0002. 89 x 45 x 46 cm
Physicien, chimiste et inventeur français, Jacques Alexandre Charles (1746-1823) est célèbre pour avoir fait voler le premier ballon gonflé à l'hydrogène. Professeur à la Sorbonne et au Conservatoire des arts et métiers, membre de l'Académie des sciences, Charles mène de nombreuses expériences dans le cabinet de physique qui lui a été aménagé au Louvre. Il se spécialise dans des travaux sur les gaz et étudie tout particulièrement leur densité et leur pouvoir de dilatation grâce à de nombreux appareils, comme ces deux gazomètres, qui mesurent des volumes.

2 Appareil à deux globes de Louis-Joseph Gay-Lussac, 1800. Palaiseau, Collection École polytechnique, inv. B49.

3 Appareil pour l'analyse de l'air de Jean-Baptiste Boussingault et Jean-Baptiste Dumas, milieu du XIXe siècle. Paris, Musée des arts et métiers-Cnam, inv. 17439.

4 Eudiomètre à globe surmonté d'une tige graduée conçu par Alessandro Volta, fin du XVIIIe siècle. Paris, Musée des arts et métiers-Cnam, inv. 01624.
34 x 12 cm
On détermine exactement la quantité d'oxygène de l'air en le faisant réagir avec de l'hydrogène en excès. Soumis à une décharge électrique, l'hydrogène et l'oxygène se combinent pour former de l'eau. Le volume de gaz restant après absorption donne la quantité d'oxygène. En 1776, Alessandro Volta (1745-1827) collecte les bulles de gaz remontant des eaux marécageuses du lac Majeur en Italie. Ses expériences menées avec un eudiomètre lui permettent de découvrir ce qu'il appelle le « gaz inflammable des marais » (méthane), un hydrocarbure gazeux incolore et inodore, principal composant du gaz naturel et puissant gaz à effet de serre.

5 Eudiomètre à gaz nitreux avec sa jauge conçu par Alessandro Volta, fin du XVIIIe siècle. Paris, Musée des arts et métiers-Cnam, inv. 01625.

6 *Lettres de Mr. Alexandre Volta sur l'air inflammable des marais : auxquelles on a ajouté trois lettres du même auteur tirées du journal de Milan*, Strasbourg, J.H. Heitz, 1778. Paris, Bibliothèque du Muséum national d'histoire naturelle, Ch 1993 - 2.

7 Actinomètre pour mesurer la température zénithale nocturne par Claude Pouillet, première moitié du XIXe siècle. Paris, Musée des arts et métiers-Cnam, inv. 02541.

8 Pyrhéliomètre pour la mesure du rayonnement solaire conçu par Claude Pouillet et fabriqué par Heinrich Ruhmkorff, première moitié du XIXe siècle. Paris, Musée des arts et métiers-Cnam, inv. 02539-0001.

9 John Tyndall, *Contribution to Molecular Physics in the Domain of Radiant Heat: a Series of Memoirs Published in the « Philosophical Transactions » and « Philosophical Magazine », with Additions*, Londres, Longmans, Green and Co., 1872. Paris, Bibliothèque du Muséum national d'histoire naturelle, 11 198.

10 Svante Arrhenius, « On the Influence of Carbonic Acid in the Air upon the Temperature of the Ground », *Philosophical Magazine and Journal of Science*, Londres, Taylor & Francis, vol. 41, avril 1896. Paris, Bibliothèque du Cnam, 8°B9.

11 Appareil de Müntz et Aubin pour le dosage de l'acide carbonique contenu dans l'air, 1881. Paris, Musée des arts et métiers-Cnam, inv. 10881-0001.
175 x 34,30 x 42 cm
Cet appareil sert à déterminer la quantité de gaz carbonique contenu dans l'air à différentes altitudes. Il a été utilisé lors de la première Année polaire internationale (1882-1883).
De nombreuses sources d'erreur rendent ces mesures très délicates.
Sur le terrain, le gaz carbonique contenu dans un volume d'air est isolé. Le prélèvement se fait dans des tubes en verre contenant de la pierre ponce potassée et fermés hermétiquement aux deux bouts. Au laboratoire, on peut ensuite analyser l'échantillon, c'est-à-dire extraire à nouveau le gaz carbonique et déterminer son volume. Cet appareil est d'abord testé à Paris, au Conservatoire des arts et métiers en 1881, et à l'observatoire du Pic du Midi, dans les Pyrénées (2 877 m). Il part ensuite pour le cap Horn pour la première Année polaire. Il est à nouveau utilisé en 1908-1910 dans les régions australes lors de l'expédition dirigée par Jean-Baptiste Charcot, médecin et explorateur, fils du célèbre neurologue de la Salpêtrière.

12 Héliographe Campbell double, milieu du XXe siècle. Brest, Institut polaire français Paul-Émile Victor.
40 x 30 x 35 cm
Un héliographe mesure la durée d'insolation, c'est-à-dire le temps pendant lequel l'instrument est soumis au rayonnement solaire direct, non réfléchi par la Terre. Ce type d'appareil est muni habituellement d'un seul globe en verre qui joue le rôle d'une lentille.

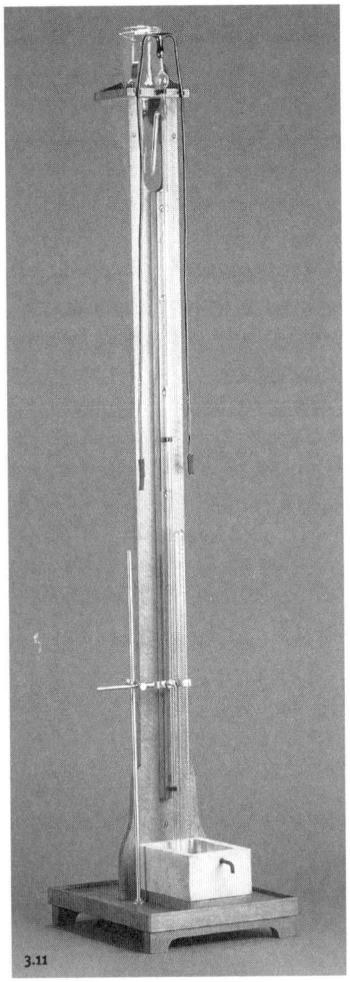

3.11

3.12

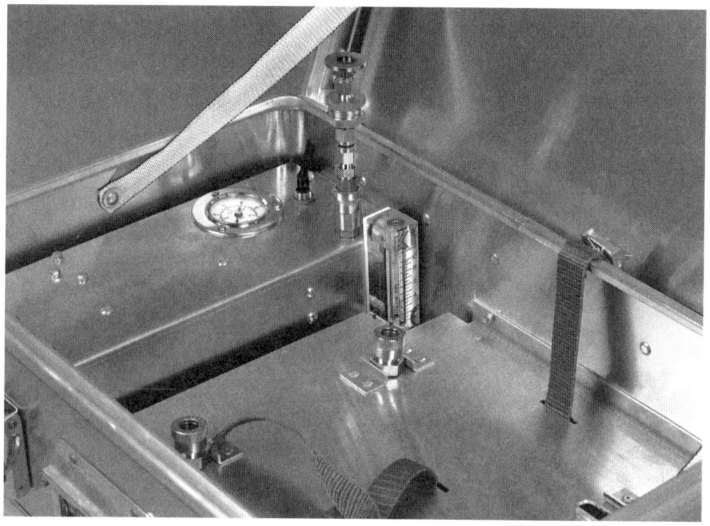

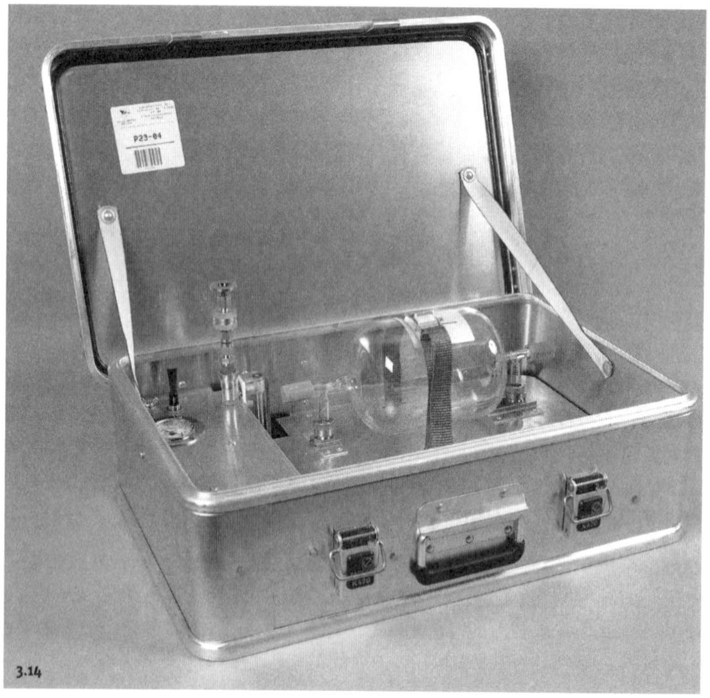

3.14

Les rayons du soleil sont concentrés et brûlent une bande de papier placée sur le support concave de l'instrument. Mais il est peu utile dans les régions polaires car il ne fonctionne pas quand le Soleil est trop bas ou trop faible pour brûler le papier. Le modèle présenté ici, muni de deux globes, permet en revanche d'effectuer une mesure dans les régions polaires où le soleil ne se couche pas pendant une partie de l'année. Sa vision panoramique permet donc un enregistrement de la durée d'insolation sur 24 heures consécutives.

13 Capteur de solarigraphe (albédomètre), XIXe siècle. Trappes, Collection Météo-France, inv. A419.

14 Mallette et flacon de prélèvement d'air du Réseau français de suivi des gaz à effet de serre, 2007. Saclay, Institut Pierre-Simon-Laplace, Laboratoire des sciences du climat et de l'environnement. Mallette (fermée) : 58 x 38 x 18 cm ; flacon : 35 x 17 cm
Cette mallette de prélèvement d'air est utilisée au Groenland dans le cadre du Réseau atmosphérique de mesure des composés à effet de serre. Avec plus de vingt stations dans le monde, le réseau Ramces du LSCE effectue des mesures en continu des gaz à effet de serre depuis vingt-cinq ans ; plus de deux mille échantillons d'air sont prélevés chaque année. Ramces appartient à un vaste réseau international créé lors de l'Année géophysique internationale (1957-1958). Il suit sur le long terme les concentrations atmosphériques des gaz à effet de serre pour comprendre leur cycle et leur rôle au sein du système climatique. Les stations de mesure sont installées dans des régions éloignées de toute pollution : en Antarctique, à l'observatoire de l'île d'Amsterdam (une des îles les plus isolées au monde) aux îles Kerguelen et à la station GRAAM (Greenland Automatic Atmospheric Monitoring and Modeling), au Groenland.

15 Christian Friedrich Schönbein, *Observations sur l'odeur qui s'échappe pendant l'électrolysation de l'eau et par les pointes, pendant l'émission de l'électricité ordinaire*, août 1840. Metzingen, Arbeitskreis Stadtgeschichte.

16 Christian Friedrich Schönbein, *Annalen der Physik und Chemie*, Band LXV, n° 6, 1843. Metzingen, Arbeitskreis Stadtgeschichte.

17 Alfred Cornu, « Sur le spectre normal du soleil, partie UV », in *Annales de l'École normale supérieure*, t. IX, Gauthier-Villard, 1881. Paris, Bibliothèque de l'Observatoire de Paris, 4°258.

18 Spectrographe de Cuhlmann avec objectifs achromatiques en quartz par Alfred Cornu, 1889. Paris, Musée des arts et métiers-Cnam, inv. 14235-0001 et 0002.

19 Tableau récapitulatif avec des documents sur les premiers voyages des ballons-sondes par Gustave Hermite et Georges Besançon, fin du XIXe siècle. Paris, Musée des arts et métiers-Cnam, inv. 14271.

20 Baro-thermo-hygromètre enregistreur en aluminium pour ballons-sondes de Jules Richard, fin du XIXe siècle. Paris, Musée des arts et métiers-Cnam, inv. 13174.

21 Météorographe utilisé par Léon Teisserenc de Bort pour plus d'un millier de sondages de nuit et de jour entre 1889 et 1902, copie à l'échelle 1. Trappes, Collection Météo-France, inv. F631.

22 Reproduction d'un cerf-volant de 1904. Trappes, Collection Météo-France, inv. F020.

23 Interféromètre de Charles Fabry et Alfred Perot, 1922. Paris, Musée des arts et métiers-Cnam, inv. 40289.

24 Spectrographe Féry de Gordon Dobson, 1924. Oxford, Université d'Oxford, Atmospheric, Oceanic and Planetary Physics Department.
36 x 25 x 144 cm
Au début du XXe siècle, une nouvelle couche de l'atmosphère est identifiée. Baptisée « stratosphère », elle est située entre 15 et 50 km d'altitude et est caractérisée par un profil de température qui reste inexpliqué jusqu'aux travaux du Britannique Gordon Dobson (1889-1976). Selon lui, c'est l'absorption du rayonnement solaire par l'ozone qui en est la cause. En 1928, il établit un réseau de stations d'observation à travers le monde qu'il équipe de spectrophotomètres de son invention. Dirigés vers le Soleil, ces instruments

3.24

quantifient, à partir du sol, l'ozone présent dans l'atmosphère. La mesure porte sur la différence d'absorption entre deux longueurs d'onde situées dans l'ultraviolet. Dobson a aussi donné son nom à une unité de mesure : 1 unité Dobson = $2,7\ 10^{16}$ molécules/cm^{2}. Le spectrographe présenté ici était utilisé par Dobson avant qu'il ne mette au point son spectrophotomètre.

25 Radio-sonde, modèle Année polaire, 1932. Capteur conçu par Jules Richard. Trappes, Collection Météo-France, inv. F638. 12 x 23 x 17 cm
Les nacelles utilisées sur les ballons-sondes depuis la fin du XIXe siècle sont peu pratiques. Lorsque le ballon éclate, parfois à des altitudes proches de 20 000 m, le panier parachuté revient au sol où il est souvent difficile à retrouver. D'où l'idée de transmettre les données par ondes radioélectriques. En 1929, Robert Bureau et Pierre Idrac, de l'Observatoire de météorologie dynamique de Trappes, mettent au point la première radiosonde. Celle-ci comporte un barothermographe et un circuit émetteur sur ondes courtes emportés par un ballon. Au sol, la station réceptrice inscrit sur un oscillographe des signaux dont la durée est proportionnelle à la température et à la pression mesurées lors de l'ascension du ballon. Les premiers radiosondages ont lieu lors de la deuxième Année polaire internationale au Scoresby Sund (Groenland) et au Sahara.

26 Nacelle du ballon stratosphérique d'Auguste Piccard, modèle en aluminium au 1/3, 1931. Paris, Musée des arts et métiers-Cnam, inv. 16822.

27 Boîte de ballon-sonde météorologique, milieu du XXe siècle. Brest, Institut polaire français Paul-Émile Victor.

28 Réfrigérateur domestique Electrolux Frigelux, années 1960. Mulhouse, Musée EDF Électropolis, inv. CE 2006 000 62.

29 Sonde ozone Z-ECC, XXe siècle. Saint-Michel-L'Observatoire, Observatoire de Haute-Provence, station de géophysique.

30 Ballon pressurisé de couche limite, 1972. Toulouse, Observatoire de l'espace du Cnes, inv. MV1972CN00855.

31 Maquette de montgolfière infrarouge construite par Zodiac International, échelle 1/40, 1995. Toulouse, Observatoire de l'espace du Cnes, inv. MA1995CN00854.

32 Nacelle de ballon stratosphérique, 1991. Verrières-le-Buisson, Observatoire de l'espace du Cnes et Service d'aéronomie de l'Institut Pierre-Simon-Laplace, inv. MV1991AU00853. 95 x 40 x 50 cm
Jusque dans les années 1980, les mesures d'ozone sont réalisées depuis le sol grâce aux instruments Dobson, répartis principalement dans l'hémisphère Nord. Après la découverte du « trou d'ozone » en 1985 au-dessus de

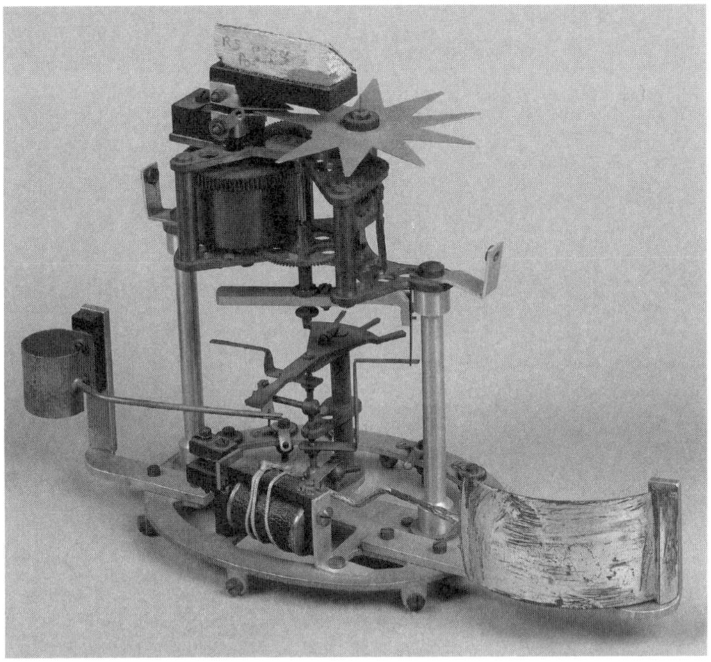

3.25

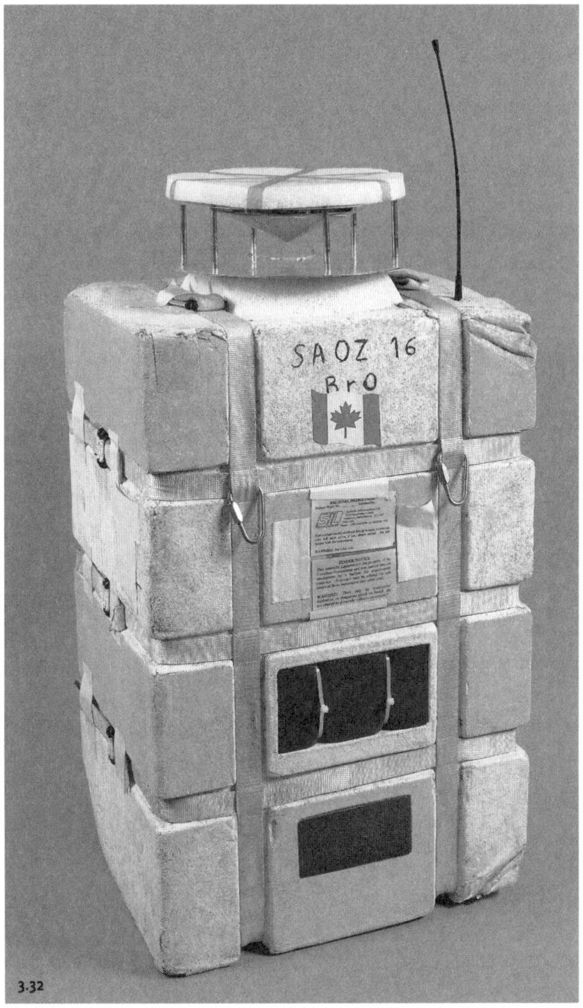

3.32

4.4

l'Antarctique, de nouveaux spectromètres SAOZ (Système d'analyse par observation zénithale) sont développés pour l'étude de la stratosphère polaire. Ces instruments, entièrement automatisés et effectuant des mesures dans le domaine visible, permettent de suivre la colonne d'ozone tout au long de l'année, même lorsque les instruments classiques (mesurant dans l'ultraviolet) deviennent aveugles. Afin d'étudier la destruction de l'ozone et la chimie du chlore, du brome et de l'iode en fonction de l'altitude, une nacelle SAOZ Ballon a été créée, portant un spectromètre SAOZ UV-Visible. Pilotée par un calculateur de bord, cette nacelle comporte également une mesure de pression et de température, une localisation par GPS et un émetteur Argos pour sa récupération au sol après descente sous parachute. Pesant 20 kg, la nacelle est conçue pour des vols fréquents et peu coûteux sous des ballons de 5 000 et 10 000 m^3 mis au point par le Cnes. Plus de cent vingt-cinq vols ont été effectués depuis 1991. Une version de longue durée dérivée de la même nacelle a volé sous des montgolfières infrarouge (MIR) durant des périodes allant d'une semaine à un mois en Arctique et autour du globe au niveau des tropiques.

33 Télescope, élément de lidar, conçu par le Service d'aéronomie de l'Institut Pierre-Simon-Laplace et réalisé par la Société européenne des systèmes optiques, années 1990.
Verrières-le-Buisson, Service d'aéronomie de l'Institut Pierre-Simon-Laplace.

4. Sur Terre, le climat s'emballe : le rôle majeur des régions polaires

1 Jean Jouzel *et al.*, « Vostok Ice Core, a Continuous Isotope Temperature over the Last Climatic Cycle 160 000 Years », *Nature*, n° 329, 1er-7 octobre 1987.
Collection particulière.

2 *Nature*, n° 259, 12 février 1993.
Collection particulière.

3 *Nature*, n° 429, novembre 2004.
Collection particulière.

4 Carottier de 50 m sur traîneau, fin du xxe siècle. Saint-Martin-d'Hères, Laboratoire de glaciologie et géophysique de l'environnement. Mât : 264 cm ; traîneau : 83 x 110 x 60 cm
La glace est forée à l'aide d'un carottier muni d'un boîtier électronique de commande. La tour de forage, pouvant basculer de la position verticale à la position horizontale, soutient le carottier. À chaque passe, le carottier, entraîné par son propre poids, descend au fond du trou et usine la carotte. Pour cela, le tube carottier, long de 3,5 m, tourne à l'intérieur d'un tube rainuré longitudinalement de spirales. Il progresse de 4 à 5 mm par tour. Les copeaux générés par les outils coupants remontent le long des spirales entre le tube carottier et le tube extérieur tout en étant mélangés à un fluide de forage. Lorsque le carottier est plein, il est tiré par le câble électroporteur du treuil et remonte la carotte de glace avec les copeaux à sa surface. Les carottes sont ensuite mesurées, répertoriées, échantillonnées et expédiées dans divers laboratoires pour les mesures non réalisées sur place. Ce carottier a été utilisé durant la décennie 1990 pour de nombreux forages au Spitzberg. La faible épaisseur des glaciers sur cet archipel ne justifiait pas la construction d'un carottier pouvant atteindre de plus grandes profondeurs.

5 *Booster* de carottier, début du xxie siècle. Saint-Martin-d'Hères, Laboratoire de glaciologie et géophysique de l'environnement.

6 Chromatographe en phase gazeuse, années 1970. Saint-Martin d'Hères, Laboratoire de glaciologie et géophysique de l'environnement.
70 x 100 x 60 cm
Ce chromatographe a été utilisé pour les premières analyses du gaz carbonique piégé dans la glace conduites au LGGE à la fin des années 1970. Dès les années 1950, le chromatographe permet de séparer les différents constituants d'un mélange et d'en déterminer la composition chimique. Associé à un détecteur, cet appareil identifie et quantifie les éléments présents à l'état de traces. Les gaz sont séparés sur une colonne remplie d'un polymère présentant une affinité plus ou moins grande pour chaque gaz, puis ils sont analysés par un détecteur à conductivité thermique dont la réponse dépend de la différence de conductivité entre le gaz-trace et le gaz-vecteur (en général de l'hélium).
Les trois éléments présentés ici sont le four, le détecteur et l'électronique. La ligne de verre servait à extraire les gaz et à les transférer dans le chromatographe.

4.6

4.8

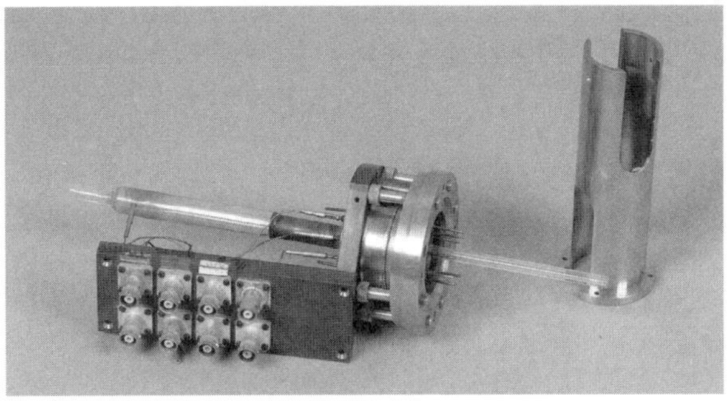

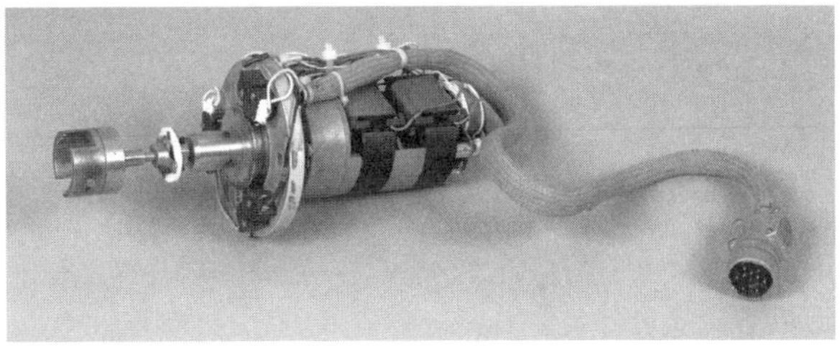

7 Compteur Coulter pour l'analyse des poussières, 1974. Saint-Martin-d'Hères, Laboratoire de glaciologie et géophysique de l'environnement.

8 Éléments de spectromètre (bride de source, tube en cuivre et moteur de l'échantillonneur), années 1970. Saclay, Institut Pierre-Simon-Laplace, Laboratoire des sciences du climat et de l'environnement. Bride de source : 12 x 30 cm ; tube en cuivre : 40 x 20 cm
Ces objets proviennent du spectromètre de masse avec lequel a été analysée la carotte de Vostok en Antarctique dans les années 1980 et 1990. Construite pour l'Année géophysique internationale en 1957, la station Vostok est l'un des endroits les plus secs et les plus hostiles au monde (record de froid enregistré à – 89 °C). À partir de 1984, une équipe française du LGGE (Laboratoire de glaciologie et géophysique de l'environnement) dirigée par Claude Lorius participe, aux côtés d'équipes soviétiques, à un forage « historique ». La carotte extraite dépasse les 2 000 m de long et son analyse dévoile 150 000 ans de l'histoire du climat, soit un cycle glaciaire-interglaciaire complet. Surtout, pour la première fois, le lien entre le climat et la teneur de l'atmosphère en gaz à effet de serre est mis en évidence. Après quatorze ans d'efforts, les équipes franco-russes franchissent en 1998 la profondeur record de 3 623 m, livrant plus de 400 000 ans d'archives, soit les quatre derniers grands cycles climatiques que la Terre a connus. Un spectromètre de masse est une balance d'une extrême précision. Il casse les molécules en différents fragments. L'étude de leur masse permet d'identifier la molécule d'origine. C'est avec cet instrument que les chercheurs déterminent encore aujourd'hui la quantité de deutérium, isotope de l'hydrogène, présente dans un échantillon de glace, ce qui leur permet d'en déduire la température de l'époque à laquelle la neige qui a donné naissance à cette glace est tombée.

9 Petit flacon d'analyse, 2007. Saclay, Institut Pierre-Simon-Laplace, Laboratoire des sciences du climat et de l'environnement.

10 Pétoncle austral, 2007. Brest, Laboratoire des sciences de l'environnement marin.

11 Dalle à feuilles de magnolia du Spitzberg datant du Paléocène et collectée en 1969 sur la crête sud du Rypefjellet. Paris, Muséum national d'histoire naturelle, inv. 40090.

12 Carotte sédimentaire de l'île Crozet, collectée dans la seconde moitié du XXe siècle. Brest, Institut polaire français Paul-Émile Victor.

13 Thermométrographe pour mesurer la température sous-marine, 1842. Paris, Musée des arts et métiers-Cnam, inv. 02629.

14 Appareil pour sonder la mer et mesurer la direction, la vitesse et la température des courants sous-marins, 1840-1848. Paris, Musée des arts et métiers-Cnam, inv. 11614.

15 Bathythermographe, milieu du XXe siècle. Brest, Institut polaire français Paul-Émile Victor. 35 x 100 x 30 cm
Les bathythermographes mesurent en continu la température au fond des océans et l'intensité de la thermocline, couche située entre les eaux superficielles et les eaux profondes. Inventés en 1937 par l'océanographe américain Athelstan Spilhaus (1911-1998), ils reposent sur un principe mécanique et sont en forme de torpille. Ils comprennent un thermomètre et un capteur mesurant les changements de la pression hydrostatique. Pendant la Seconde Guerre mondiale, ils sont embarqués sur les sous-marins américains pour détecter les couches froides qui perturbent les mesures par sonars. Ils sont remplacés à partir des années 1960 par des systèmes électroniques.

4.15

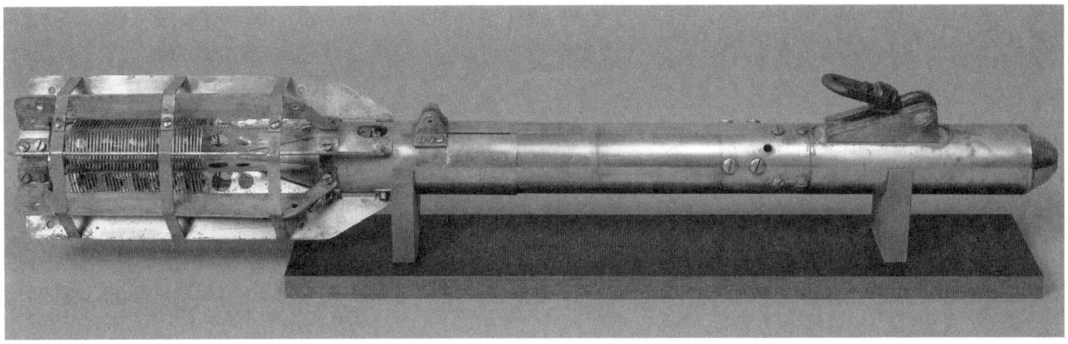

Ce bathythermographe a été utilisé à des fins scientifiques dans les océans Austral et Arctique par les Expéditions polaires françaises dans les années 1950.

16 Thermomètre à renversement, milieu du XXe siècle. Brest, Institut polaire français Paul-Émile Victor.

17 pH-mètre Beckman, milieu du XXe siècle. Brest, Institut polaire français Paul-Émile Victor, inv. D 91.1.50.

18 Boîte pour colorimétrie Prolabo, milieu du XXe siècle. Brest, Institut polaire français Paul-Émile Victor, inv. D.91.1.28.

19 Roger Revelle et Hans Suess, « Carbon Dioxide Exchange Between Atmosphere and Ocean and the Question of an Increase of Atmospheric CO_2 during the Past Decades », *Tellus*, Stockholm, n° 9, 1957. Paris, Collection Météo-France, P1791.

20 Seau pour mesurer la température de l'eau de mer par Maurer et Stil, milieu du XXe siècle. Brest, Institut polaire français Paul-Émile Victor, inv. D 91.1.47.

21 Bouteille de prélèvement dite « à renversement », milieu du XXe siècle. Brest, Institut polaire français Paul-Émile Victor.

22 *La Nature*, n° 3293, septembre 1959. Paris, Collection Météo-France, P22.

23 Altimètre Topex-Poséidon, 1992. Toulouse, Observatoire de l'espace du Cnes, inv. MQ1992CN00250. 60 x 55 x 75 cm
Le satellite *Topex-Poséidon* a été lancé par la fusée européenne *Ariane 4* le 10 août 1992 avec pour objectifs d'observer et de comprendre la circulation océanique à grande échelle et d'améliorer ainsi la connaissance du rôle de l'océan sur l'environnement terrestre et le climat. Issu d'un partenariat entre la Nasa et le Cnes, il avait à bord deux radars altimètres et différents systèmes de localisation précise. Placé à 1 336 km d'altitude, il a été utilisé jusqu'en 2006 et fournissait tous les dix jours la topographie mondiale des océans avec une précision inégalée, de l'ordre de 2 cm. À partir de décembre 2001, il a fonctionné en tandem avec un autre satellite altimétrique, *Jason 1*. L'altimètre est un radar qui émet des ondes dont il enregistre ensuite le signal de retour, ce qui permet de mesurer au centimètre près les inégalités du sol. Un traitement informatique transforme ensuite les données numériques en images de synthèse.

24 Hydronaute, CS systèmes d'information-Cnes, 2003. Paris, Musée des arts et métiers-Cnam.

4.25

25 Grand albatros naturalisé (*Diomedea exulans*). Brest, Océanopolis, inv. GGE-2000-13. 120 x 280 cm
C'est l'oiseau dont l'envergure est la plus importante au monde : jusqu'à 3,50 m ! On le trouve surtout dans les zones subantarctiques, autour des Quarantièmes rugissants, où il utilise les vents quasi permanents pour voler. Champion du vol plané, il sait exploiter au mieux les courants d'air et les vents pour prendre de l'altitude ou descendre brutalement vers la surface des mers. Après plusieurs années de parades nuptiales, la première reproduction a lieu vers l'âge de douze ans et les couples restent le plus souvent unis jusqu'à la mort. Cet oiseau mythique et fascinant est cependant menacé par l'impact de la pêche intensive. Ce spécimen, trouvé mort dans les Terres australes et antarctiques françaises, a été collecté pour Océanopolis et naturalisé par le Muséum national d'histoire naturelle.

26 Leurre de balise Argos, premier modèle avec harnais, seconde moitié du XXe siècle. Collection Pierre Jouventin, Centre d'écologie fonctionnelle et évolutive.

27, 28, 29 et 30 Balises Argos et *loggers*, fin du XXe siècle, début du XXIe siècle. Montpellier, Centre d'écologie fonctionnelle et évolutive (27 et 28) ; Strasbourg, Institut pluridisciplinaire Hubert-Curien, Département écologie, physiologie et éthologie (29 et 30, présentées ici). 30 x 8 cm et 5 x 4 cm
Argos est un système de localisation et de collecte de données par satellites exploité par CLS, filiale du Cnes, et utilisant l'effet Doppler. Les balises Argos sont fixées sur le dos d'animaux tels que les éléphants de mer, les manchots, etc. Elles fournissent des informations essentielles sur leur comportement, leurs migrations et leur environnement : vent, température, pression, salinité, profondeur de plongée, fréquence cardiaque de l'animal... Cette technologie permet par exemple d'identifier les zones de concentration privilégiées des proies (les *hot spots*, ou points chauds). La durée de vie de la balise dépend de ses dimensions et de la batterie qui l'alimente. Une balise de 20 g a une autonomie de 45 jours environ. Mais le poids reste un facteur essentiel pour les chercheurs qui ne

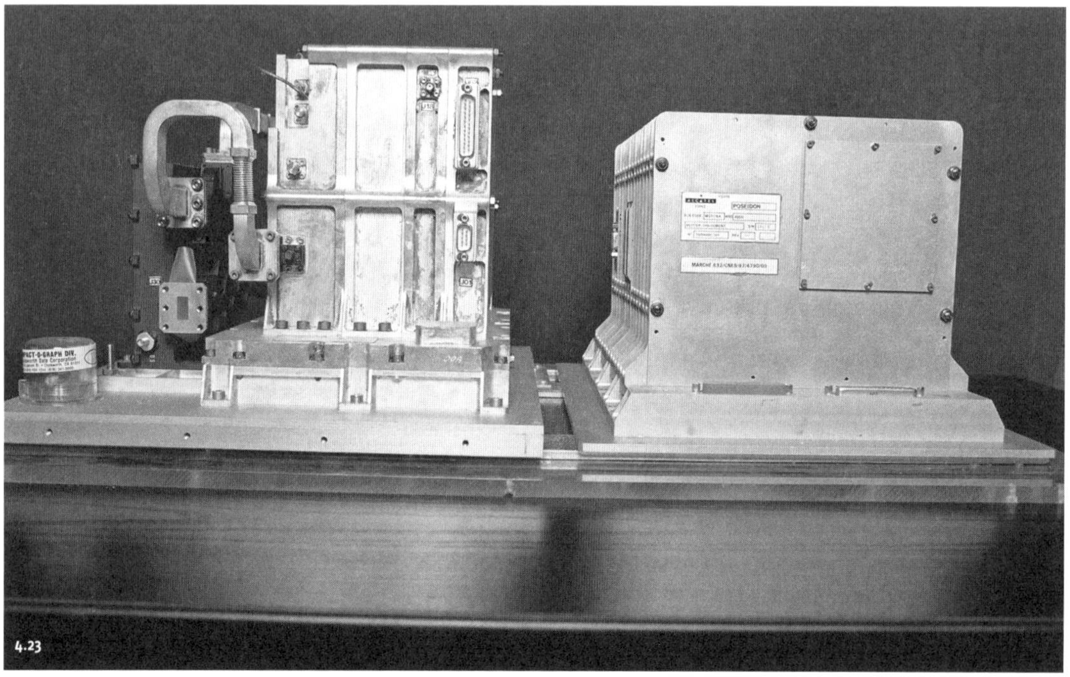

4.23

doivent pas surcharger l'animal, en particulier les oiseaux. Technologie de dernière génération, le *bio-logger* est un véritable petit-ordinateur équipé d'une mémoire de stockage embarqué sur des animaux sauvages.
À la différence des balises Argos, dont les données sont transmises directement au laboratoire par satellite, il est nécessaire dans la majorité des cas de récupérer les *loggers* pour pouvoir accéder aux informations qu'ils ont collectées. Cependant, une récente génération d'instruments couple un *logger* avec une balise Argos qui est utilisée exclusivement pour la transmission de données enregistrées par les capteurs du *logger*. L'autonomie d'un *logger* dépend elle aussi des batteries et de la fréquence d'acquisition des données. Si certains fonctionnent pendant 250 jours avec des acquisitions toutes les cinq secondes, d'autres peuvent enregistrer pendant cinq ans avec une mesure toutes les minutes.

5. La collaboration internationale, Concordia

1 Paul-Émile Victor, *Groenland Nord-Est*, dessin, 1950. Collection particulière, avec l'aimable autorisation de la famille de Paul-Émile Victor.

2 Maquette de la station franco-italienne Concordia, échelle 1/87. Paris, Musée des arts et métiers-Cnam.

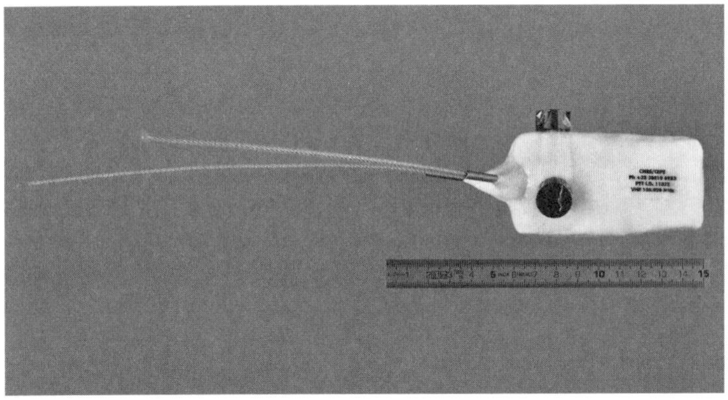

4.27

Générique de l'exposition

Catalogue réalisé dans le cadre de l'exposition temporaire
Atmosphère... Le climat révélé par les glaces
Paris, 28 octobre 2008 - 30 avril 2009

Musée des Arts et Métiers
60, rue Réaumur – 75003 Paris
www.arts-et-metiers.net
Tél. : 01 53 01 82 63

Administrateur général du Conservatoire national des arts et métiers
Christian Forestier

Directeur du Musée des arts et métiers et de la culture scientifique et technique du Conservatoire national des arts et métiers
Serge Chambaud

Commissaires scientifiques
Jean Jouzel
Didier Hauglustaine

Commissaire déléguée et chef de projet
Nathalie Machetot (Musée des arts et métiers-Cnam)

Assistant de la commissaire
Bertrand Cousin (Musée des arts et métiers-Cnam)

Scénographie
Loretta Gaïtis (Agence Charrat, Gaïtis, Zenoni)
François Payet (Métaphores)

Conception lumière
Christian Broggini (300 000 km/s)

Conception graphique
Caroline Pauchant
Grégoire Romanet

Réalisation des séquences audiovisuelles
Bertrand Abadie, Léonard Gugi, François Lavignotte,
Henri-Louis Poirier, Guy Thomas (PY-FILMS Productions)

Conseil scientifique

Pascal Acot, Institut d'histoire et philosophie des sciences et des techniques ;
Jacques-Émile Blamont, Cnes ;
Paolo Brenni, Centre de recherche en histoire des sciences et des techniques de Paris, Instituto e Museo di Storia della Scienza de Florence ;
Nadine Cenac, Météo-France ;
Marie-Lise Chanin, Service d'aéronomie de l'Institut Pierre-Simon-Laplace ;
Jérôme Chappellaz, Laboratoire de glaciologie et géophysique de l'environnement ;
Julian Dowdeswell, Scott Polar Research Institute, University of Cambridge ;
Marie-Christine Fourcade, chaire de Génie analytique, Cnam ;
Julien Galabru, Direction générale de la coopération internationale et du développement, ministère des Affaires étrangères et européennes ;
Jean-Claude Gascard, Laboratoire d'océanographie dynamique et de climatologie ;
Jean-Claude Gérard, Département d'astrophysique, géophysique et océanographie, université de Liège ;
Didier Hauglustaine, co-commissaire scientifique ;
Sylvie Joussaume, Laboratoire des sciences du climat et de l'environnement de l'Institut Pierre-Simon-Laplace ;
Pierre Jouventin, Centre d'écologie fonctionnelle et évolutive ; Jean Jouzel, co-commissaire scientifique ;
Gérard Jugie, Institut polaire français Paul-Émile Victor ;
Alain Lesquer, Institut polaire français Paul-Émile Victor ;
Gérard Lambert, Palais de la Découverte ;
Claude Lorius, Laboratoire de glaciologie et géophysique de l'environnement ;
Raymond Leban, chaire d'Économie et Management de l'entreprise, Cnam ;
Francis Meunier, Institut français du froid industriel, Cnam ;
Adolphe Nicolas, Institut des sciences de la Terre, de l'environnement et de l'espace ;
David Salas y Melia, Météo-France ;
Susan Solomon, National Oceanic and Atmospheric Administration ;
Roland Schlich, École et observatoire des sciences de la Terre ;
Gérard Thuillier, Service d'aéronomie de l'Institut Pierre-Simon-Laplace.

Secrétaire de rédaction

Lionel Dufaux (Musée des arts et métiers-Cnam)

Reportage photographique piloté par

Frédérique Desvergnes (Musée des arts et métiers-Cnam)

Une exposition parrainée par

Le CNRS, le CEA, le Cnes, l'Ifremer, l'Ipev, Météo-France et Jean-Louis Étienne

Une version itinérante de l'exposition a été réalisée en collaboration avec le ministère des Affaires étrangères et européennes.

Crédits photographiques

Couverture : Guillaume Bouteloup/Biosphoto

Page 8 : Stéphane Compoint / pages 12-13 : Stéphane Compoint / page 14 : IPEV / page 17 : IPEV / page 19 : Gérard Blot-RMN / page 20 : NASA-SPL-Cosmos / page 23 : David Nunuk-SPL-Cosmos / page 25 : Tom Murphy-Still Pictures-Biosphoto / pages 26-27 : Xavier Desmier-Rapho-Eyedea / page 29 : Paul-Emile Victor-Rapho-Eyedea / page 30 : Photo. Josse-Leemage / page 35 : J.Masson-IPEV / page 36 : IPEV / page 39 : Pierre Katell-IPEV / page 40 : Pierre Katell-IPEV / page 43 : Alain Manouvrier-IPEV / page 45 : Karim Agabi-LookatSciences / pages 46 à 52 et pages 54 à 65 : Roland Schlich et Claude Lorius / page 53 : Paul-Emile Victor / pages 66-67 : Jorma Lunta-NPL-Jacana-Eyedea / page 68 : Bettmann-Corbis / page 69 : Paul-Emile Victor / page 71 : DR / page 74 : NASA-SPL-Cosmos / page 75 : AFP / page 77 : SPL-Cosmos / page 78 : Ciel et Espace / page 80 : Christian Morel-ourpolarheritage.com / page 82 : Eric Baccega-Jacana-Eyedea / page 84 et 85 : Météo-France / page 86 : CNAM / page 87 : CNES / page 89 : CNES / pages 90-91 : Christian Morel-ourpolarheritage.com / page 92 : Stéphane Compoint / page 94 : LSCE-J.Y.Peterschmitt / page 96 : Eric Chrétien-Gamma-Eyedea / page 98 : NASA-GISS / page 99 : IPCC 2007 / page 101 : d'après S. Joussaume, *Climat d'hier à demain*, CNRS éditions / pages 102 et 103 : Still Pictures-Biosphoto / page 105 : Laurent Fairhead-CNRS / pages 106 et 107 Still Pictures-NASA-UNEP-Biosphoto / page 108 et 109 : Juerg Alean-SPL-Cosmos / page 110 : Cosmos / page 112 : Timothy M.Lenton-University of East Anglia / page 115 : B.Edmair-Cosmos / pages 116-117 : Christian Morel-ourpolarheritage.com / page 119 : Mary Evans-Eyedea / pages 120-121 : CSIRO-SPL-Cosmos / page 122 : CSIRO-SPL-Cosmos / page 126 : Laurence Médard - photothèque du CNRS / page 129 : Karim Agabi/LookatSciences / page 130 : Christian Morel-ourpolarheritage.com-CEA / page 132 : Jérôme Chappellaz / page 134 haut : Jérôme Chappellaz-photothèque du CNRS / page 134 bas : Jérôme Chappellaz-CNRS-LGGE / page 136 : PlanetObserver-Hoa Qui-Eyedea / pages 138-139 : Stéphane Compoint / page 141 : Christian Morel-ourpolarheritage.com / page 142 et 143 bas : SPL-Cosmos / page 143 haut : G.Spreen-L Kaleschke-G.Heygster 2008 / page 145 : DR / Page 146 : G.Redvers-taraexpeditions.org / page 148 : DR / page 149 : DR / page 151 : Stéphane Compoint / page 153 : Steve Deyo-UCAR 2007 / page 154 : Stéphane Compoint / pages 156-157 : NASA-SPL Cosmos / page 158 : David Hay Jones/SPL/Cosmos / page 159 : DR / page 161 : Philippe Cocquerey-CNES / page 165 : Honew-Reuters / pages 166-167 : Michel Gunther-Biosphoto / page 169 : Frédéric Pawlowski-Biosphoto / page 170 : d'après Jouventin et Weimerskirch 1991 / page 171 : Biosphoto / Parer et Parer Cook-Auscape-Biosphoto / page 173 : d'après Bost et al. 2002 / pages 174 et 175 : Christophe Guinet-CEBC-CNRS / pages 176-177 : Antoine Dervaux-Biosphoto / page 181 : Patrice Lecomte-Biosphoto / page 182 : Nicolas Chatelain-CNRS / pages 184 et 185 : Jean-Louis Chapuis-MNHN / page 187 : Patrice Lecomte-Biosphoto / page 189 : SPL-Cosmos / pages 190-191 : Christian Morel-ourpolar heritage-CEA / page 192 : Eric Chrétien-Gamma-Eyedea / page 194 : Patrick le Floc'h-Explorer-Eyedea / page 196 : Farjana K.Godhuly-AFP / page 200 : Eric Chrétien-Eyedea.

Iconographie : Frédéric Mazuy
Illustrations : Domino
Graphisme : lunapark - attractions graphiques
Préparation de copie : Valérie Gautheron
Photogravure : Les artisans du Regard
Impression : Pollina - n° L48053

Imprimé en France
n° éditeur 090384-01/1
dépôt légal octobre 2008